U0685537

中国清洁发展机制基金赠款项目"全球气候变化下长江流域
水资源开发利用保护研究与宣传培训"资助

▷ 水知道科普丛书 ◁

饮用水的
真相

林莉 吴敏 编著

长江出版社
CHANGJIANG PRESS

图书在版编目(CIP)数据

饮用水的真相 / 林莉，吴敏编著.
—武汉：长江出版社，2017.1
ISBN 978-7-5492-4847-6

Ⅰ.①饮… Ⅱ.①林… ②吴… Ⅲ.①饮用水—
给水处理 Ⅳ.①TU991.2

中国版本图书馆 CIP 数据核字(2017)第 024256 号

饮用水的真相   林莉 吴敏 编著
责任编辑：郭利娜 闫彬
装帧设计：刘斯佳
出版发行：长江出版社
地　　址：武汉市解放大道 1863 号   邮　　编：430010
网　　址：http://www.cjpress.com.cn
电　　话：(027)82926557(总编室)
　　　　　(027)82926806(市场营销部)
经　　销：各地新华书店
印　　刷：武汉精一佳印刷有限公司
规　　格：880mm×1230mm   1/32   5.25 印张   150 千字
版　　次：2017 年 1 月第 1 版   2020 年 9 月第 1 次印刷
ISBN　978-7-5492-4847-6
定　　价：28.00 元

地球是太阳系中唯一有水的行星，水在地球上保持着三种基本形态——固态、液态和气态。地球上水的总量达到 3.85 亿 m^3，如果把这些水平铺在地球的表面，那么地球将会变成一颗平均水深达 2700 多米的"水球"。"三山七水一分田"，较为形象地概括了地球表面的情况。大多数人都能意识到，水的作用无可替代。水供应量丰富，性质特别，关乎生命，令人惊奇。水维持着广袤的海洋、移动的冰川、沼泽的雾气、火山爆发的水蒸气，等等。人体本身也是一个多孔的"水袋"，就重量而言，人体中 2/3 是水，水是人体的重要组成部分，也是新陈代谢的必要媒介，人体最基本的生活过程都离不开水。人体每天消耗的水分中，约有一半需要依靠直接饮水来补充。

中国水资源总量丰沛，但人均水资源占有量极度贫乏。因此，我们需要有节约水的意识。饮用水是居民生活中最重要的物质之一，维持着生产和生活的基本方面。在无穷的重复循环中，水经过了利用、处理、净化和再使用等过程。大多数水源的水里有家庭、工业和农业用过的废物，有反复多次用过的污水。饮用水从水源地到居民家庭需要经过一系列复杂的处理过程，经过专业的处理系统，使其洁净和纯化。很少人知道水在到达水龙头之前必须经历的过程，垃圾、没有溶解的污物和泥沙必须从水中清除，细菌必须被消灭。这些过程的每个阶段，水都要符合日益严格的洁净程度标准。水是可循环的资源，使用后水量不会发生显著改变，但水质发生了根本变化，废弃后的水，经过一系列自净和人工净化处理后，污染物被降解和去除，水又可以重新成为资源。

本书是介绍饮用水的科普读物，从水对人体的重要性引出，着重介绍了水从饮用水水源地到污水处理厂全过程的重要环节，旨在提高大众对水的认识程度，培养节约水资源的意识。

本书的第1、3、4、5章由林莉撰写，第2、6章由吴敏撰写。第1章主要介绍水的功能以及对人体的重要性；第2章主要介绍我国水资源概况以及水源地知识，包括水源地标准、标识、保护要求以及国内比较重要的水源地；第3章介绍水从水源地到自来水厂再到终端用户的供水过程，以及市售纯净水的特殊工艺等；第4章通过开展科学实验对市场上饮用水的真相进行介绍；第5章普及市售的各种不同饮料以及对人体的利弊；第6章讲解我们用 / 喝的水去哪了，着重介绍了水在人体中的循环以及生活用水的排放、处理过程。

本书受国家发展改革委员会清洁机制赠款项目"全球气候变化下长江流域水资源开发利用保护研究与宣传培训"资助。由于涉及水利、环境、农业、城建、卫生等多个方面，在某些领域作者的知识水平有限，书中存在不妥之处在所难免，敬请广大读者批评指正。

作　者
2020 年 8 月

目　录

第 1 章

水对人体的重要性

1.1 走进"水"世界

1.1.1 认识"水"

水（化学式：H_2O）是由氢、氧两种元素组成的无机物（图1-1），在常温常压下为无色无味的透明液体，被称为人类生命的源泉。

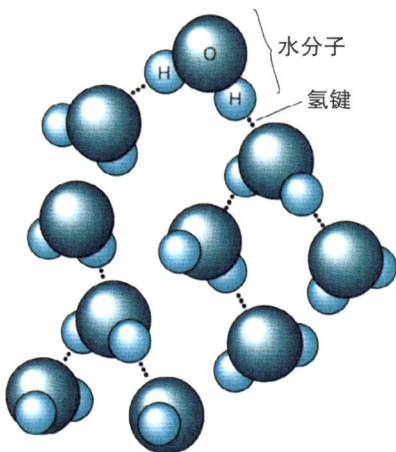

图1-1 水的化学组成

水，包括天然水（河流、湖泊、大气水、海水、地下水等）和人工制水（通过化学反应使氢氧原子结合得到的水）。水是地球上最常见的物质之一，是包括人类在内所有生命生存的重要资源，也是生物体最重要的组成部分（图1-2）。水在生命演化中起到了重要作用。它是一种狭义不可再生、广义可再生的资源。

图 1-2　水是生命之源

1.1.2　"水"的来源

据媒体报道，地球上 70% 左右的面积被水覆盖，事实上我们更应该称地球为"水球"，那么这些作为生命之源的水到底从何而来呢？传统的观点主要分为"自生说"和"外生说"。

（1）自生说

● 地球从原始星云凝聚成行星后，由于内部温度变化和重力作用，物质发生分异和对流，于是地球逐渐分化出圈层，在分化过程中，氢、氧气体上浮到地表，再通过各种物理及化学作用生成水。

● 水是在玄武岩先熔化后冷却形成原始地壳的时候产生的。最初地球是一个冰冷的球体，此后，由于存在于地球内部的铀、钍等放射性元素开始衰变，释放出热能，因此地球内部的物质也开始熔化，高熔点的物质下沉，低熔点的物质上升，从中分离出易挥发的物质：氮、氧、碳水化合物、硫和大量的水蒸气。试验证明，当 $1m^3$ 花岗岩熔化时，可以释放出 26L 的水和许多可完全挥发的化合物。

● 地下深处的岩浆中含有丰富的水。实验证明，压力为 15kPa，温度为 10000℃的岩浆，可以溶解 30% 的水。火山口处的岩浆平均含水量 6%，有的可达 12%，而且越往地球深处含水量越高。据此，有人根据地球深处岩浆的数量推测在地球存在的 45 亿年内，深部岩浆释放的水量可达现代全球大洋水的一半。

● 火山喷发释放出大量的水。从现代火山活动情况看，几乎每次火山喷发都有约 75% 以上的水汽会喷出。1906 年维苏威火山喷发的纯水蒸气柱高达 13000m，一直喷发了 20 个小时。阿拉斯加卡特迈火山区的万烟谷，有成千上万个天然水蒸气喷出孔，可喷出 97～645℃ /s 的水蒸气和热水约 23000m³。据此有人认为，在地球的全部历史中，火山抛出来的固体物质总量为全部岩石圈的一半，火山喷出的水也可占现代全球大洋水的一半。

● 地球内部矿物脱水分解出部分水，或者释放出的一氧化碳、二氧化碳等气体，在高温下与氢作用生成水。此外，碳氢化合物燃烧也可以生成水，在坚硬的火成岩中，也有一定数量的结晶水和原始水的包裹体。

（2）外生说

● 人们在研究球粒陨石成分时，发现其中含有一定量的水，一般为 0.5% ～ 5%，有的高达 10% 以上，而碳质球粒陨石含水更多。球粒陨石是太阳系中最常见的一种陨石，大约占所有陨石总数的 86%。一般认为，球粒陨石是原始太阳最早期的凝结物，地球和太阳系的其他行星都是由这些球粒陨石凝聚而成的（图 1-3）。

图 1-3　外生说——天体撞击地球带来冰封的水

● 太阳风到达地球大气圈上层，带来大量的氢核、碳核、氧核等原子核，这些原子核与大气圈中的电子结合成氢原子、碳原子、氧原子等，再通过不同的化学反应变成水分子。据估计，在地球大气的高层，每年几乎产生 1.5t 这种的"宇宙水"。然后，这种水以雨、雪的形式落到地球上。

1.2　"水"对人体的重要性

1.2.1　"水"在人体内的含量、分布及存在形式

（1）含量

　　水是人体中含量最多的成分，占人体组成的50%～80%，可因年龄、性别和体型的胖瘦而存在明显个体差异（图1-4）。新生儿总体水分最多，占体重的80%～90%，学龄期儿童次之，占体重的70%～80%；随着年龄的增长，人体内水分含量会逐渐下降，主要是由细胞外液的减少而引起的。肌肉组织丰富的人体内水分含量比肌肉组织较少的人多，因为肌肉组织中水分含量是脂肪组织的3倍左右。男性体内水分较女性多，因为男性的肌肉比例较大，而脂肪组织较少。

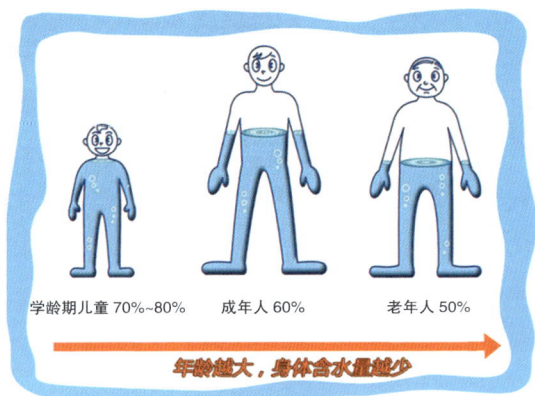

学龄期儿童 70%~80%　　成年人 60%　　老年人 50%

年龄越大，身体含水量越少

图 1-4　水在不同年龄段的人中的含量

（2）分布

水在人体内主要分布于细胞内液和细胞外液，以及身体的固态支持组织中（图1-5）。细胞内液约占总体水的2/3，相当于成人体重的45%，细胞外液约占总体水的1/3。细胞外液又分为血管内液和血管外液（又称细胞间液）。血管内液是指血管系统中的所有体液，即动脉、静脉和毛细血管中的体液，约为体重的5%；血管外液指的是细胞周围和细胞之间的体液，负责将营养素运送到细胞并把细胞的代谢废物运送到体外，约占体重的15%。另外，在一些组织中的液体如眼球、关节腔等，也属于细胞外液，但这些体液并不经常与通常所说的细胞外液进行交换，称为跨细胞液。

各组织器官的含水量相差很大，在代谢活跃的肌肉和内脏细胞中，水的含量很高，而在不很活跃的组织或稳定的支持组织中则含量较低。

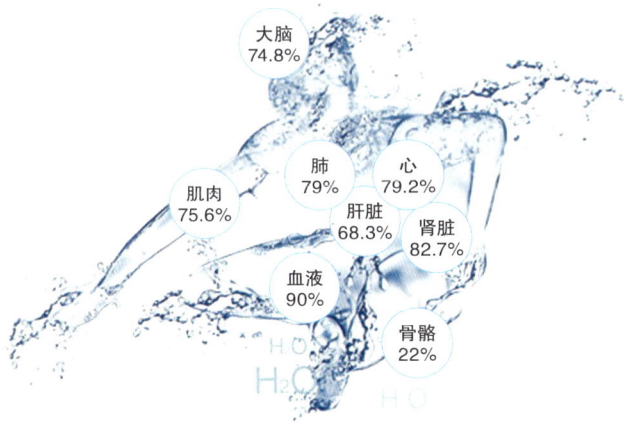

图1-5　水在人体中的分布

（3）存在形式

水在人体中以自由水与结合水两种状态存在（表1-1）。

● 自由水：指机体中以游离形式存在的水。自由水是良好的溶剂，许多物质都能溶解在自由水中，进行代谢和行使生理功能。

● 结合水：指机体中与体内蛋白质、氨基酸、维生素、DNA等相结合存在的水，参与这些生命物质的生化活动和生理活动。

自由水与结合水可以通过代谢活动互相转化，当生物代谢旺盛，结合水可转化为自由水；当生物代谢缓慢，自由水可转化为结合水。

表1-1　　　　　　　机体中自由水与结合水的比较

形式	定义	含量	功能	联系
自由水	机体中游离态的水，可以自由流动	95.5%	1. 是机体内的良好溶剂；2. 参与生化反应；3. 运送养料和代谢废物	自由水和结合水能够随新陈代谢的进行而相互转化
结合水	机体中与其他物质结合的水	4.5%	机体细胞的组成成分	

1.2.2　"水"在人体中的作用

水对人体的重要性仅次于氧。水是细胞内外的主要成分，如细胞内的蛋白质、脂肪组织，及细胞外的血液等，人可以几周不吃饭，却不能几天不喝水！人体如果失去体重水量的15%～20%，生理机能就会亮起红灯，进而导致死亡。

水与人体之间有着密不可分的联系，对人体而言的生理功能是多方面的，而体内发生的一切化学反应都是在介质水中进行的，没有水，养料不能被吸收；氧气不能运到所需部位；养料和激素也不能到达它的作用部位；废物不能排除，新陈代谢将停止，人将死亡（图1-6）。因此，水是对人的生命最重要的物质，那么水对人体的生理作用到底该怎么理解呢？很多人对此还很陌生，下面将对此做出详细的分析。

● 水的生理功能：水是维持人体健康的重要营养物质之一，它参与体内各种物质的化学反应，同时又是体内进行生化反应的良好场所，因为各种营养物质必须先溶解于水，然后才能通过各种液体运往全身各种组织器官和细胞中，以发挥自身的作用。

● 代谢作用：水不仅是体内营养和代谢产物的溶剂，同时也将各种物质通过循环带到目的地。水参与体内一切物质的新陈代谢，没有水新陈代谢将无法进行。

● 运输作用：人体血液中90%是水，血液奔流不息，能量交换和物质转运才得以进行。血液之所以能循环，要靠水的载体作用和流通作用。

● 润滑作用：水具有润滑作用，如泪液、唾液的分泌。水可以减少关节、脏器及组织细胞间的摩擦，保持运动协调的状态。

● 溶解作用：体内的无机盐和各种有机化合物、酶和激素都需要水来溶解。

● 消化作用：水的最大功能是参与营养素的消化。人体内的消化液包括唾液、胃液、胆汁、胰液、肠液等，它们主要是由水构成的，而食物的消化主要依靠消化器官分泌的消化液来完成。

● 调节作用：水能吸收代谢产生的多余热量，从而调节体温，使人体体温不发生明显波动。如汗液的蒸发，能带走大量热量，维持正常体温。

● 亲和作用：当人体脱水时，水最先进入脱水细胞显示出很强的亲和力。

水是生命之源，水对身体有着非常重要的作用

新陈代谢　输送养料　润滑机能　保持血量　控制体温　排泄废物

图1-6　水在人体中的作用

1.3　饮用水的分类

1.3.1　自来水

自来水取自天然水源（地表水、地下水），经过一系列处理工艺如沉降、胶凝、沙滤、消毒后再输入到各用户，一般不能直接饮用（图1-7）。

图 1-7　自来水

1.3.2　开水

自来水经加热后生成，为软化水（图 1-8）。

图 1-8　开水

1.3.3　纯净水

纯净水是经过多次过滤、反渗透技术，将水中的病菌、有机物、重金属等杂质充分去除了的水，易造成矿物质缺失（图1-9）。纯净水的生产不受地域和水源的限制。

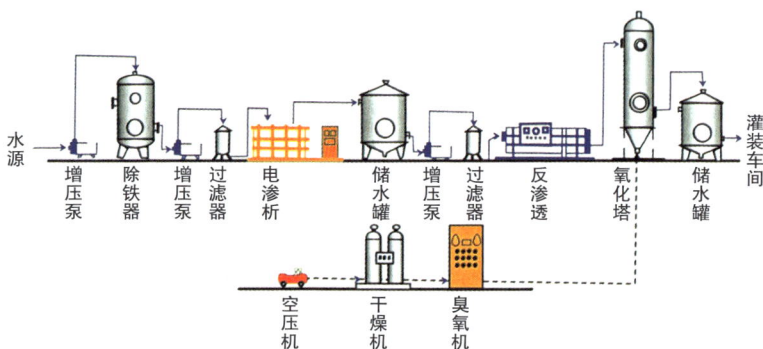

图1-9　纯净水的设备工艺

1.3.4　天然矿泉水

天然矿泉水，即天然的来自地下深层未经污染的地下水，是在特定的环境下经历了漫长并且极其复杂的地质化学过程，溶蚀了岩石，富集了某些矿物成分形成的天然溶液（图1-10）。它含有一定质量的矿物质及微量元素，由人工提取后消毒装瓶，便成了瓶装的矿泉水。《饮用天然矿泉水标准》规定，其中的游离二氧化碳和矿化度分别不得少于500mg/L、1000mg/L，Li、Sr、Zn、I、Se、Br和偏硅酸在水中的含量必须达到规定的界限值。它不以医疗为目的，但对人体有一定的保健作用。

图 1-10 天然矿泉水

1.3.5 磁化水

将水放到一磁场（如磁化杯）中进行磁化，然后再饮用（图 1-11）。其机理和对人体的作用目前尚不十分清楚，也没有定论，但首先用来磁化的水必须是纯净的。

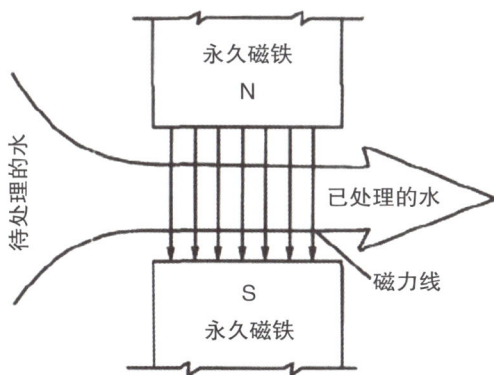

图 1-11 磁水器工作过程

1.3.6 矿化水

以纯净水作为基水，添加了多种微量元素和矿物质，经矿化器过滤自动溶出多种微量元素和矿物质所得的富含人体必需的常量元素及微量元素的饮用水。长期饮用矿化水可以补充正常饮食中缺少的微量元素和矿物质营养素，达到改善人体的营养状况的目的。

1.3.7 蒸馏水

利用蒸馏设备使水汽化后分流再冷却液化而形成的液体，由于经过了分离过程，其中的杂质含量甚少（图1-12）。将水蒸馏可以有效地去除其中的重金属离子，但对挥发性有毒有机污染物就无能为力，相反还起到了浓缩的作用，同时不能去除异味。

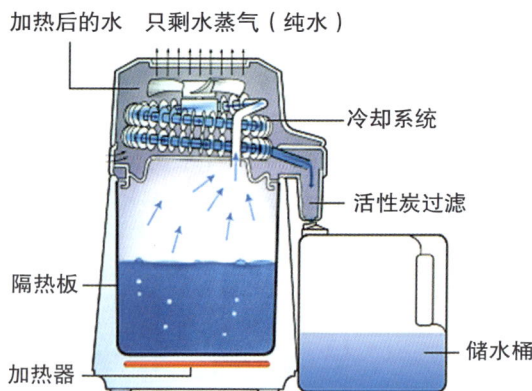

图1-12　蒸馏水的制备

1.3.8　太空水

利用高分子分离膜技术，即逆渗透原理，净化水质而生成的一种净化水。其生产装置和其他净化装置不同，它不是进多少水，出多少水，由于水中杂质不能通过而被截留在半透膜上，70% ～ 80% 的进水被排放掉了，真正能透过膜出来的净化水只占进水的 20% ～ 30%。

1.4　多喝水对身体的好处

水是生命之源。多喝水不仅是人体生存的必需，还有诸多好处（图 1-13）：

● 多喝水能防止容颜早衰。脸部经常暴露在外，受风雨、冻晒刺激最多，水分损失也就最大，天长日久就容易因缺水引起脸早皱、眼早花、发早脱。如能及时补足脸部水分，可使脸部湿润柔嫩，春颜常在。

● 多喝水能防治心血管病。血液中含 80% 的水分，血液缺了水，会使血管加厚、变窄、没有弹性，血液黏稠、结栓，还能引起脑萎缩、心肌梗死、心衰等，如能保持血液不缺水，就会大大减少心血管病的发病概率，降低早亡率。

● 多喝水能防治肌肉萎缩。肌肉约含 70% 的水分，如能经常补足肌肉水分，就会减少老年人越活肉越少，越活个头越矮的苦恼。

● 多喝水能坚实骨质。骨骼中含有一定的水分，连指甲、牙齿都需要水分。如果满足骨骼水分，就能减少骨骼疏松、易折的发生。

● 多喝水能促进食物消化。食物消化主要靠胃肠蠕动和消化液溶解。如果保持胃肠水分，就能减少便秘、肠梗、结石等的发病概率。

● 多喝水能调节体温。水有导热功能，夏季通过血液、汗水把热量传到体表散发，冬季通过尿液把热量排出体外，使身体保持合适的温度。

● 多喝水能消毒防癌。体内的废物毒素，都要由肾脏过滤，通过尿液排出体外，如泌尿系统不缺水，就可降低得前列腺炎和癌症的概率。

● 多喝水能保持呼吸功能。肺对氧气的吸收和二氧化碳的呼出，都要靠水来润滑运转，如呼吸系统不缺水，就能减少哮喘、肺气肿等的发病概率。

能量
· 缓解疲劳
· 提高活力
· 提高运动耐力

全身
· 提升免疫力
· 抗衰老
· 调节器官功能
· 刺激细胞再生
· 促进消化代谢

女性
· 减轻更年期症状
· 改善皮肤状况

排毒
· 促进解毒作用
· 减轻宿醉症状

男性
· 增加精子活动能力
· 治疗不育

精神
· 提高心理表现
· 提高记忆力和注意力

血液
· 强大的血液净化物
· 促进血液循环
· 降低血糖
· 降低血液中的胆固醇

情感
· 减少紧张和焦虑
· 降低压力水平
· 调整情绪

图1-13 多喝水的好处

1.5　怎样正确摄入水分

1.5.1　人体需水量

正常人每天应该喝 3000mL 左右的水，相当于 8 杯水。在小便频、虚汗多、血液易凝的夜晚也必须饮水（图 1-14）。饮水最好饮常温的水，不要用饮料、咖啡和茶代替水。人体的一切生理活动都离不开水，如能及时足量补水，就可以延缓衰老。

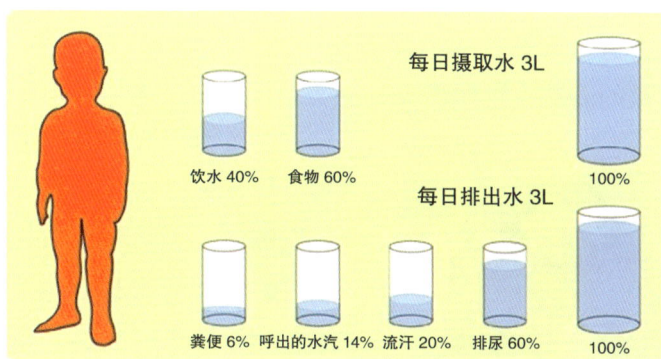

饮水 40%　食物 60%　每日摄取水 3L　100%

粪便 6%　呼出的水汽 14%　流汗 20%　排尿 60%　每日排出水 3L　100%

图 1-14　人体每日摄水及排水量一览

人应该有规律地及时摄取水分，在感到渴的时候才喝水是不对的，只有体内细胞已经处于脱水状态了，才会产生口渴的感觉。每日摄入水分不足 5 杯的人容易患上便秘等症状，引发肤色暗淡、干燥、外油内干等问题。但过多地摄入水分也同样可能增加肾脏的负担。我们平时吃的食物中，比如蔬菜、水果、饮料等等都会含有水分，如果你今天又是吃水果又是喝汤，再喝足8杯水，就有可能摄入水分过量了。

1.5.2　正确的饮水方式

● 清晨一杯凉白开，排毒润肠。经过一宿代谢，清晨一杯凉白开可润滑肠道，加速新陈代谢，使体内垃圾顺利排出体外（图1–15）。

图1–15　清晨饮水

● 感冒要喝比平时更多的水（图1–16）。感冒发烧的时候，会有出汗、呼吸急促等代谢加快的表现，这时需要补充大量的水分。多喝水不仅可以促使汗液排出和排尿，还有利于人体体温的调节，增加机体的抵抗力。

图1–16　感冒饮水

● 烦躁时高频率喝水。人体有时候会出现烦热、闷燥的状态，表现为手心、脚心均有不同程度的发烫，是人体阴虚、内热、上火的表现。这种烦躁易导致体内失津，出现津液不足，因此增加喝水频率能有效缓解烦躁情绪。

● 上吐下泻后喝点淡盐水。人们经常会因为饮食不当或者不卫生而出现上吐下泻的情况，这时候为避免严重呕吐或腹泻后引起的脱水症状，可以适当喝些淡盐水来补充体力，缓解虚弱症状。

● 老年人睡前喝点水。老年人尤其是血液循环不好的人，临睡前可适当喝点水，减少血液黏稠度，从而降低脑血栓风险。但要注意的是，睡前喝水不能过多，老年人有起夜的习惯，如果因喝水而造成睡眠不好，反而得不偿失。

● 运动后间断性、小口补水。运动后忌猛烈补水，比如一口气喝一瓶饮料，这会增加人体心脏负担，应以间断性、小口补水为宜（图1-17）。

图1-17　运动后间歇性补水

第 2 章

带你认识水源地

2.1 地球上的水资源

地球是太阳系八大行星中唯一被液态水覆盖的星球。地球上之所以存在生命，很大程度上是因为有水（图2-1）。它是维系人类以及整个生态系统生存和发展的重要自然资源。地球上水的总量十分丰富，接近14亿 km^3，人均达2亿多 m^3。但是，在这些总水量中，又苦又咸的海水占97.5%，淡水仅占2.5%，而且绝大多数是以固态水的形式储存在极地冰盖、高山冰川和永久冻土层中，每年可通过蒸发—降水而得到更新的淡水资源量不足5万 km^3。

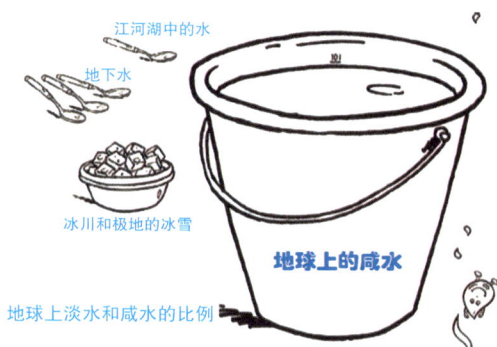

江河湖中的水

地下水

冰川和极地的冰雪

地球上的咸水

地球上淡水和咸水的比例

图2-1 地球上的水资源

地球上的淡水资源非常有限，随着人口持续增长和经济规模的不断扩张，各种排放到水体中的污染物数量和种类不断增加，淡水资源短缺和水污染的危机愈演愈烈（图2-2至图2-4）。20世纪以来，全球人口总量增加了3倍，但用水总量增加了9倍。目前，全球人均淡水资源量已减少到

7200m^3 左右，有 1/3 的人口缺乏最基本的饮用水卫生设施，有 1/6 的人口没有安全、洁净的饮用水，有 50 个国家的人均淡水资源量低于 2000m^3，其中有 16 个国家的人均淡水资源量低于 300m^3，绝大多数国家都面临着缺水和水污染的严重困扰，水危机已成为人类在 21 世纪面临的严峻挑战之一。

图 2-2　水资源短缺图

图 2-3　地表水污染

图 2-4　地下水污染

2.2 我国的水资源

我国水资源总量为 28000 亿 m^3，占全球水资源的 6%，仅次于巴西、俄罗斯和加拿大，名列世界第 4 位，但人均水资源量仅有 2300m^3，不足世界平均值的 30%。目前，我国处于城镇化和工业化的快速发展时期，因此我国所面临的水危机更为严峻，水资源短缺、水污染、洪涝灾害、水土流失等水问题已对水安全和生态安全构成了严重的威胁。特别是水污染和水资源短缺，已成为制约经济社会可持续发展的瓶颈。水的用途很广泛，不仅用于日常生活、农业灌溉、工业生产，还用于发电、航运、水产养殖、旅游娱乐、改善生态环境。城市、工业和农业的迅速发展，用水量的急剧增长，水资源大量地被消耗，并不断受到污染。水资源利用不充分、不合理，更加剧了水资源的供需矛盾。

2.2.1 我国的水资源分布情况

我国水资源总量为 28000 亿 m^3。其中，地表水 27000 亿 m^3，地下水 8300 亿 m^3，由于地表水与地下水相互转换、互为补给，扣除两者重复计算量 7300 亿 m^3，与河川径流不重复的地下水资源量约为 1000 亿 m^3。按照国家公认的标准，人均水资源量低于 3000m^3 为轻度缺水；人均水资源量低于 2000m^3 为中度缺水；人均水资源量低于 1000m^3 为重度缺水；人均水资源量低于 500m^3 为极度缺水。中国目前有 16 个省（自治区、直辖市）人均水资源量（不包括过境水）低于重度缺水线，有 6 个省（宁夏、河北、山东、河南、山西、江苏）人均水资源量低于 500m³，为极度缺水地区。

2.2.2　我国的水资源分布主要特点

　　我国的水资源总量并不丰富，人均占有量更低。中国水资源地区分布不均衡，水土资源分配不相匹配（图 2-5）。长江流域及其以南国土面积占全国的 36.5%，其水资源量占全国水资源总量的 81%；淮河流域及其以北地区的国土面积占全国的 63.5%，其水资源量仅占全国水资源总量的 19%。年内年际分配不均，旱涝灾害频繁。大部分地区年内连续 4 个月降水量占全年的 70% 以上，连续丰水或连续枯水较为常见。在径流的年内分布上，以连续最大 4 个月的径流量与多年平均径流量的比值来表示在年内的集中程度，南方地区一般为 50% ～ 70%，北方地区为 60% ～ 80%，局部地区可大于 90%。

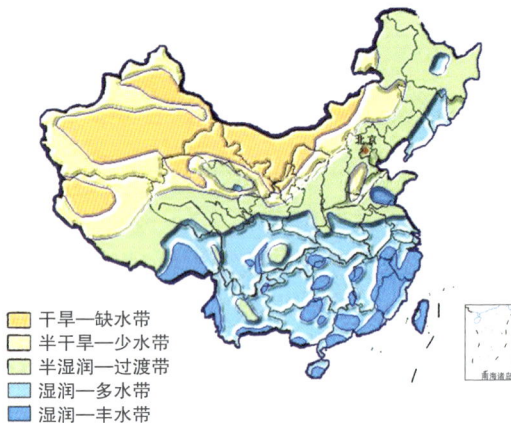

干旱—缺水带
半干旱—少水带
半湿润—过渡带
湿润—多水带
湿润—丰水带

图 2-5　我国水资源分布图

24

2.2.3 我国地表水水域环境功能分类

依据地表水水域环境功能和保护目标，按功能高低依次划分为5类。

● Ⅰ类：主要适用于源头水、国家自然保护区（图2-6）；

● Ⅱ类：主要适用于集中式生活饮用水地表水源地一级保护区、珍稀水生生物栖息地、鱼虾类产卵场、仔稚幼鱼的索饵场等；

● Ⅲ类：主要适用于集中式生活饮用水地表水源地二级保护区、鱼虾类越冬场、洄游通道、水产养殖区等渔业水域及游泳区（图2-7）；

● Ⅳ类：主要适用于一般工业用水区及人体非直接接触的娱乐用水区；

● Ⅴ类：主要适用于农业用水区及一般景观要求水域。

图2-6 三江源自然保护区（Ⅰ类）

图2-7　水产养殖区（Ⅲ类）

表2-1为《地表水环境质量标准》（GB 3838—2002）。

表2-1　　《地表水环境质量标准》（GB 3838—2002）

序号	参数		Ⅰ类	Ⅱ类	Ⅲ类	Ⅳ类	Ⅴ类
1	水温（℃）		人为造成的环境水温变化应限制在：周平均最大温升≤1，周平均最大温降≤2				
2	pH值（无量纲）		6.5～8.5				6～9
3	溶解氧	≥	饱和率90%（或7.5）	6	5	3	2
4	高锰酸盐指数	≤	2	4	6	10	15
5	化学需氧量（COD）	≤	15	15	20	30	40
6	五日生化需氧量（BOD_5）	≤	3	3	4	6	10
7	氨氮（NH_3-N）	≤	0.15	0.5	1.0	1.5	2.0
8	总磷（以P计）	≤	0.02（湖、库0.01）	0.1（湖、库0.025）	0.2（湖、库0.05）	0.3（湖、库0.1）	0.4（湖、库0.2）

序号	参数		I 类	II 类	III 类	IV 类	V 类
9	总氮（湖、库以 N 计）	≤	0.2	0.5	1.0	1.5	2.0
10	铜	≤	0.01	1.0	1.0	1.0	1.0
11	锌	≤	0.05	1.0	1.0	2.0	2.0
12	氟化物（以 F⁻ 计）	≤	1.0	1.0	1.0	1.5	1.5
13	硒	≤	0.01	0.01	0.01	0.02	0.02
14	砷	≤	0.05	0.05	0.05	0.1	0.1
15	汞	≤	0.00005	0.00005	0.0001	0.001	0.001
16	镉	≤	0.001	0.005	0.005	0.005	0.01
17	铬（六价）	≤	0.01	0.05	0.05	0.05	0.1
18	铅	≤	0.01	0.01	0.05	0.05	0.1
19	氰化物	≤	0.005	0.05	0.2	0.2	0.2
20	挥发酚	≤	0.002	0.002	0.005	0.01	0.1
21	石油类	≤	0.05	0.05	0.05	0.5	1.0
22	阴离子表面活性剂	≤	0.2	0.2	0.2	0.3	0.3
23	硫化物	≤	0.05	0.1	0.2	0.5	1.0
24	粪大肠菌群（个 /L）	≤	200	2000	10000	20000	40000

2.3 饮用水水源地的选择

2.3.1 现有水源地

饮用水水源地概括了提供城镇居民生活和公共服务用水

（如政府机关、企事业单位、医院、学校、餐饮业、旅游业等用水）取水工程的水源地域。在现有水源水质、污染源等环境状况调查的基础上，按照是否水量充足、水质良好、取水便捷、潜在风险低等条件，判断现有水源是否可以继续使用。现有水源包括河流、湖泊、水库和地下水等。以地表水作为水源的水源地，必须满足《地表水环境质量标准》（GB 3838—2002）Ⅲ类及以上水质标准。饮用水水源地分为一级保护区、二级保护区和准保护区。

在饮用水水源地保护区中，一级保护区的饮用水水质必须符合《地表水环境质量标准》（GB 3838—2002）Ⅱ类水质标准（图2-8）。二级保护区的水质必须符合《地表水环境质量标准》（GB 3838—2002）Ⅲ类水质标准。

图2-8 饮用水水源保护区标志

2.3.2　水源地的选择

新水源地的选择需要对现场进行环境状况调查，同时进行水源水质检测。

● 按照饮用水水质的安全性，一般的顺序是井水、泉水、河流、水库、湖泊。

● 按照饮用水水量的充足性，一般的顺序是水库、湖泊、河流、井水、泉水。

● 按照输送水的便捷性，一般的顺序是井水、河流、泉水、水库、湖泊。

水源地不应位于洪水淹没区、浸泡区、坍塌及其他形变区。

河流型饮用水水源一般应选择在居住区上游河段，水流顺畅，采用河岸渗透取水傍河取水方式；应尽量避开回流区、死水区和航运河道；在有潮汐影响的河流取水时，应避免咸潮对取水水质的影响。河流型水源的优点是取水简易且水量大；缺点是易受污染，水质不稳定。

湖库型饮用水水源，要考虑湖库泥沙淤积或水生生物生长对取水口周围的影响，应采用中层水；应避开支流入口、大坝等区域。湖库型水源的优点是水量充足、供水稳定且取水便利；缺点是易发生水体富营养化。水体富营养化容易形成水华，水华爆发时，蓝绿藻爆发性增殖，产生藻毒素，威胁供水安全。

地下水型水源应尽量设在地下水污染源的上游，避免污染物对地下水的污染，选择包气带防污性好的地带；地下水型水源应避开排水沟、工业企业和农业生产设施等人为活动影响，周围20～30m内无厕所、粪坑、垃圾堆、畜圈、渗水坑、有毒有害物质和化学物质堆积等。地下水型水源优点在于所含矿物质更多，水体澄清；缺点在于地下水资源分布不均，有的水体矿化度和硬度较高。

井水型水源的优点是靠近用水区，取水简易，水质稳定且不易被污染；缺点是易受地下水位影响，干旱地区取水深度较深，一般家庭自备井难以获得较优质的水源。

泉水型水源的优点是水质好且不易受到污染；缺点是供水量不稳定，有潜在污染的可能。

同时，有条件的地区可参考上述要求选择备用水源地，选择与现有水源地相对独立控制取水的水源地作为备用水源地。

2.3.3 水源地的建设

（1）地表水水源地建设

● 取水位置。河流、湖库型水源，取水点应尽量靠近河流中泓线、湖库中心或距离河岸、湖边较远的地方。河流取水口周围100m及上游500m处，湖库周围500m处应设立隔离防护设施或标志。

● 取水方式。宜修建取水码头或跳板以便直接从河流、湖库中心取水。若采用导流渠、蓄水池或潜水泵从水体中心引水，宜修建砂滤井或用砂滤缸进行混凝沉淀和消毒。在池塘多的地区应采用分塘取水。

水窖应修建专门的雨水收集池，并在收集池附近修建简单的沉淀、净化处理设施。收集池周围修建排水沟，防止地面径流污染水源。严重缺水地区水窖集水场应尽可能选择开阔地带，土壤有害因子背景值较高的地区应采用场地硬化的方式。

（2）地下水水源地建设

● 井水取水。地下水井应有井台、井栏和井盖，宜采用相对封闭的水井；井底与井壁要确保水井的卫生防护；大口井井口应高出地面 50cm，并保证地面排水畅通（图 2-9）。室外管井井口应高出地面 20cm，周围应设半径不小于 1.5m 的不透水散水坡。联村、联片或单村取水井周围 100m 处应设立隔离防护设施或标志。

图 2-9　井水取水

● 泉水取水。在泉水水源附近建设引泉池，泉水周围 100m 及上游 500m 处应修建栅栏等隔离防护设施，在泉水旁设简易导流沟，避免雨水或污水携带大量污染物直接进入泉水（图 2-10）。引泉池应设封闭顶盖，并设通风管。引泉池进口、检修孔孔盖应高出周边地面一定距离。池壁应密封不透水，壁外用黏土夯实封固。引泉池周围应做不透水层，地面应建设一定坡度坡向的排水沟；引泉池池壁上部应设置溢流管，池底应设置排空管。

图 2-10　泉水取水

2.3.4　我国比较著名的大型地表水水源地

（1）丹江口水库

丹江口水库是国家南水北调中线工程水源地，由 1973 年建成的丹江口大坝下闸蓄水后形成，包括汉江库区和丹江库区，水源来自汉江及其支流丹江（图 2-11）。它位于汉江中上游，分布于湖北省十堰市（丹江口市、郧阳区、张湾区和郧西县等县市）和河南省南阳市（下辖淅川县）之间。它是国家一级水源保护区、亚洲第一大人工淡水湖、中国重要的湿地保护区和国家级生态文明示范区。

丹江口水库多年平均入库水量为 394.8 亿 m^3，2012 年丹江口大坝加高后，水库正常蓄水位从 157m 提高至 170m，水域面积达 1022.75km^2，蓄水量达 290.5 亿 m^3。南水北调工程的渠首位于河南省南阳市淅川县陶岔，建成后将以 500m^3/s 的流量，向中线工程沿线地区的河南、河北、天津和北京 4

个省（直辖市）的 20 多座大中城市提供生活和生产用水。一期工程年均调水 95 亿 m^3，中远期规划每年调水量将达 130 亿 m^3，可有效缓解中国北方水资源严重短缺的局面。水源地水质连续 25 年稳定在国家 Ⅱ 类以上标准，水质保持优良。丹江口水质监测站提供的数据显示，水源地内的 28 个水质监测指标，全年大部分时间都属于国家 Ⅰ 类标准，仅在汛期总磷和高锰酸盐两项指标属于国家 Ⅱ 类标准，高于调水要求的 Ⅲ 类水质标准。

图 2-11　丹江口水库

（2）潘家口水库

潘家口水库是天津和唐山两市重要的饮用水水源地，同时也是引滦工程的源头，位于 118° 115′ E、40° 25′ N，地跨河北省兴隆、宽城、承德、迁西 4 县。该水库始建于 1975 年，1979 年工程竣工。潘家口水库控制流域面积 33700 km^2，占滦河流域总面积（滦河全流域面积为 44600 km^2）的 75.6%，库容为 29.3 亿 m^3，多年平均径流量为 24.5 亿 m^3，约占滦河流域径流量的一半（图 2-12）。

潘家口的上游来水具有的一个突出特点就是来水量在时间分布上很不均匀，主要集中在 7 月、8 月和 9 月 3 个月内，占全年来水量的 80% 以上。滦河水量较为丰沛，但径流量的年内和年际分配皆不均匀，因此水资源得不到充分利用。经过水库调节后，按保证率 75% 计，年供水能力达 19.5 亿 m^3，可向天津市供水 10 亿 m^3，向唐山市供水 9.5 亿 m^3，满足了两市居民生活和工业用水需要，为地区社会经济发展做出巨大贡献。此外，水库还兼有防洪、发电、灌溉和渔业养殖等重要功能。

图 2-12　潘家口水库

（3）密云水库

密云水库是北京市 2000 多万居民的重要水源地，是京津唐地区第一大水库（图 2-13）。密云水库位于北京市东北部，横跨白河和潮河两条河流，建成于 1960 年，最大库容 43.75 亿 m^3，平均水深 30m，最大水面面积 188km^2，主要功能是供水、防洪、灌溉、发电和渔业养殖，为北京市、天津市和河北省服务。随着北京城市化和经济的快速发展，水资源短缺的局面日益加重，因此，密云水库于1981年开始专为北京市供水，且生活用水的比重逐年上升。1997年，官厅水库因严重富营养化而失去饮用水功能，密云水库成为北京市唯一的地表饮用水水源，被誉为北京生命之水。密云水库的水质良好，长期保持在《地表水环境质量标准》（GB 3838—2002）的Ⅱ类水质标准，这归功于对密云水库水源地长期、持续的保护。

密云水库是北京市重要的地表水水源地，在保障首都水源安全方面发挥着重要作用。加强密云水库水源保护工作，事关城乡供水安全、城市平稳运行、市民安居乐业和经济社会可持续发展。2014年后，密云水库不仅继续承担集蓄地表水的任务，还将承担南水北调来水的调蓄任务，在全市水资源开发、利用和保护中作用更加凸显，水源保护任务更加艰巨。

图2-13 密云水库

（4）青草沙水库

青草沙水库是上海市的重要水源地，占上海原水供应的50%以上，受水水厂16座，受益人口超过1100万，工程的建成和运行，改写了上海饮用水主要依靠黄浦江水源的历史（图 2–14）。它是我国目前最大的江心水库，最大有效库容达 5.53 亿 m³，设计有效库容 4.35 亿 m³，圈围近 70km² 的水面，相当于 10 个杭州西湖，日供水规模 719 万 m³，是国内最大的避咸蓄淡型河口江心水库，供水范围为杨浦、虹口等上海 10 个行政区全部区域及宝山、普陀等 5 个行政区部分地区，受益人口超过 1000 万。青草沙水库于 2011 年 12 月开始供水，2012 年惠及 1000 多万市民，2015 年 1500 万市民可饮用长江水。按照国家地表水环境 109 项监测指标，青草沙江面的水质达到 Ⅱ～Ⅲ类，经过水库调蓄后基本会提高到 Ⅱ类。

图 2–14　青草沙水库

青草沙水源监测结果表明，青草沙水域水质优良稳定，除石油类、总磷和挥发酚超标外，其余指标均达到 Ⅰ类和 Ⅱ类水质标准；水源地特定项目均未检出，符合《地表水环境质量标准》（GB 3838—2002）中城镇集中式饮用水水源地水质要求，是上海市水质最好、最稳定的饮用水。青草沙水库面积近 70km²，超过 10 个杭州西湖的面积，整个青草沙原水系统包括青草沙水库、长江过江管道、陆域输水管道及增压泵站 3 部分。

长江流域航运繁忙的同时也会引发一些事故，主要是一些船只搁浅或倾覆，这对长江水域水质会带来一定的影响。此外，这几年也有一些沿岸地区排放的污水流向长江。青草沙水源地位于整个长兴岛的北部，长江口南北港分流口下方，江心水库的特点是抗边滩水污染能力比边滩水库有很大的提高。青草沙水库是上部取水，下部放水，两边都有闸门，一旦在水域当中发生一些突发性事故，比如油污染、化学污染，或者边滩污染的扩散，可以在第一时间关闭水库的闸门，有效切断外面污染水体对水源地水质的侵袭。

（5）新安江水库

新安江水库，又叫千岛湖，位于浙江省淳安境内（部分位于安徽歙县），是距浙江省建德市新安江镇 4km 处建坝蓄水而成的水库，是浙江省最重要的饮用水水源地（图 2-15）。新安江水库是华东地区的一座特大型水库，具有湖泊型水库的典型特征，新安江水库兼有发电、防洪、旅游、养殖、航运、饮用水水源及工农业用水等多种功能，是钱塘江的水源涵养区，是长三角城市群的战略水源地，其饮用水功能尤其突出。新安江水库面积为 567.40km²，水位落差很大，最大深度 108m，平均深度 34m，容积 178.4 亿 m³。水库上游具有明显的"湖泊效应"且有大大小小的岛屿，因此称之为"千岛湖"。新安江水库面积是杭州西湖的 108 倍，库容量是西湖的 3184 倍，能见度 7 ～ 9m，天晴时能见度最高达 12m，属国家一级水体，不经任何处理即达饮用水标准，新华社原社长穆青赞誉其为"天下第一秀水"。2009 年，新安江水库以 1078 个岛屿入选世界纪录协会世界上最多岛屿的湖，创造了世界之最。

环境保护部发布的《2011 年上半年环境保护重点城市环境空气质量状况与重点流域水环境质量状况报告》，在监测的 10 个主要水库中，新安江水库级别最高，为 Ⅰ 类水质，也是 10 个水库中唯一的 Ⅰ 类水质的水库。水库中鱼类达 13 科 83 种，鳙鱼、鲢鱼、草鱼齐全，还有鲌鱼、鳜鱼、鳗鱼等名贵鱼种，年产量在 3000t 以上，人工养殖业发达，商品鱼养殖场面积达 666m^2，以鲤鱼、鳊鱼、罗非鱼为主，年产量近 90 万 t。

图 2-15　新安江水库

2.4 饮用水水源地的保护

2.4.1 水源地保护法律法规

（1）《中华人民共和国水法》（以下简称《水法》）中部分条款对饮用水水源地保护做了规定

《水法》第三十三条规定了国家建立饮用水水源保护区制度。省（自治区、直辖市）人民政府应当划定饮用水水源保护区，并采取措施，防止水源枯竭和水体污染，保证城乡居民饮用水安全。

《水法》第三十四条规定了禁止在饮用水水源地保护区设置排污口。在江河、湖泊新建、改建或者扩大排污口，应当经过有管辖权的水行政主管部门或者流域管理机构同意，由环境保护行政主管部门负责对该建设项目的环境影响报告书进行审批。

（2）《中华人民共和国水污染防治法》（以下简称《水污染防治法》）中设立专章对饮用水水源地保护做了规定

《水污染防治法》第五十六条规定国家建立饮用水水源保护区制度。饮用水水源保护区分为一级保护区和二级保护区；必要时，可以在饮用水水源保护区外围划定一定的区域作为准保护区。有关地方人民政府应当在饮用水水源保护区的边界设立明确的地理界标和明显的警示标志。

《水污染防治法》第五十七条规定饮用水水源保护区内禁止设置排污口（图 2-16）。

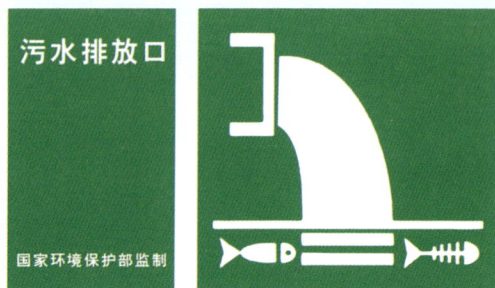

图 2-16　排污口标志牌

　　《水污染防治法》第五十八条规定禁止在饮用水水源一级保护区内新建、改建、扩建与供水设施和保护水源无关的建设项目；已建成的与供水设施和保护水源无关的建设项目，由县级以上人民政府责令拆除或者关闭。禁止在饮用水水源一级保护区内从事网箱养殖、旅游、游泳、垂钓或者其他可能污染饮用水水体的活动（表 2-2）。

　　《水污染防治法》第五十九条规定禁止在饮用水水源二级保护区内新建、改建、扩建排放污染物的建设项目；已建成的排放污染物的建设项目，由县级以上人民政府责令拆除或者关闭。在饮用水水源二级保护区内从事网箱养殖、旅游等活动的，应当按照规定采取措施防止污染饮用水体。

　　《水污染防治法》第六十条规定禁止在饮用水水源准保护区内新建、扩建对水体污染严重的建设项目；改建建设项目，不得增加排污量。

　　《水污染防治法》第六十一条规定县级以上地方人民政府应当根据保护饮用水水源的实际需要，在准保护区内采取工程措施或者建造湿地、水源涵养林等生态保护措施，防止水污染物直接排入饮用水水体，确保饮用水安全。

《水污染防治法》第六十二条规定饮用水水源受到污染可能威胁供水安全的，环境保护主管部门应当责令有关企事业单位采取停止或者减少排放水污染物等措施。

《水污染防治法》第六十三条规定国务院和省（自治区、直辖市）人民政府根据水环境保护的需要，可以规定在饮用水水源保护区内，采取禁止或者限制使用含磷洗涤剂、化肥、农药以及限制种植养殖等措施。

表2-2　地表水饮用水水源保护区分级水质标准及防护规定

地表水水源保护区	水质标准	分级防护规定
一级保护区	《地表水环境质量标准》（GB 3838—2002）Ⅱ类	禁止新建、扩建与供水设施和保护水源无关的建设项目； 禁止向水域排放废水，已设置的排污口必须拆除； 不得设置与供水需要无关的码头，禁止停靠船舶； 禁止堆置和存放工业废渣、城市垃圾、粪便和其他废弃物； 禁止设置油库； 禁止从事种植、放养畜禽和网箱养殖活动； 禁止可能污染水源的旅游活动和其他活动
二级保护区	《地表水环境质量标准》（GB 3838—2002）Ⅲ类	禁止新建、扩建向水体排放污染物的建设项目，改建项目必须削减污染物排放量； 原有排污口必须削减废水排放量，保证保护区内水质，满足规定的水质标准； 禁止设立装卸垃圾、粪便、油类和有毒物品的码头
准保护区	保证二级保护区水质达到规定标准	直接或间接向水域排放废水，必须符合国家和地方规定的废水排放标准

（3）《饮用水水源保护区污染防治管理规定》对地表水水源地保护的要求

● 饮用水地表水水源各级保护区及准保护区内，禁止一切破坏水环境生态平衡的活动以及破坏水源林、护岸林、与水源保护相关植被的活动。

● 禁止向水域倾倒工业废渣、城市垃圾、粪便及其他废弃物。

● 运输有毒有害物质、油类、粪便的船舶和车辆一般不准进入保护区，必须进入者应事先申请并经有关部门批准、登记并设置防渗、防溢、防漏设施。

● 禁止使用剧毒和高残留农药，不得滥用化肥，不得使用炸药、毒品捕杀鱼类。

（4）《饮用水水源保护区污染防治管理规定》对地下水源地保护的要求

对于饮用水地下水水源各级保护区及准保护区，禁止利用渗坑、渗井、裂隙、溶洞等排放污水和其他有害废弃物；禁止利用透水层孔隙、裂隙、溶洞及废弃矿坑储存石油、天然气、放射性物质、有毒有害化工原料、农药等；实行人工回灌地下水时不得污染当地地下水水源。

具体规定如下。

● 一级保护区内：禁止建设与取水设施无关的建筑物；禁止从事农牧业活动；禁止倾倒、堆放工业废渣及城市垃圾、粪便和其他有害废弃物；禁止输送污水的渠道、管道及输油管道通过本区；禁止建设油库；禁止建造墓地。

● 二级保护区内：潜水含水层地下水水源地，禁止建设化工、电镀、皮革、造纸、制浆、冶炼、放射性、印染、染料、炼焦、炼油及其他有严重污染的企业，已建成的要限期治理、转产或搬迁；禁止设置城市垃圾、粪便和易溶、有毒有害废弃物堆放场和转运站，已有上述场站的要限期搬迁；禁止利用未经净化的污水灌溉农田，已污灌农田要限期改用清水灌溉；化工原料、矿物油类及有毒有害矿产品的堆放场所必须有防雨、防渗措施。承压含水层地下水水源地，禁止承压水和潜水的混合开采，做好潜水的止水措施。

● 准保护区内：禁止建设城市垃圾、粪便和易溶、有毒有害废弃物的堆放场站，因特殊需要设立转运站的，必须经有关部门批准，并采取防渗漏措施；当补给源为地表水体时，该地表水体水质不应低于《地表水环境质量标准》（GB 3838—2002）Ⅲ类标准；不得使用不符合《农田灌溉水质标准》（GB 5084—2005）的污水进行灌溉，合理使用化肥；保护水源林，禁止毁林开荒，禁止非更新砍伐水源林。

2.4.2 水源地的污染预防

（1）生活污水防治

无论是地表水水源地和地下水水源地，其保护范围内不得新建渗水的厕所、化粪池和渗水坑，已有的公共设施应进行污水防渗处理，取水口应尽量远离这些设施。水源保护范围内生活污水应避免污染水源，尤其是农村地区，根据生活污水排放现状与特点、农村区域经济与社会条件，按照《农村生活污染技术政策》（环发〔2010〕20号）及有关要求，尽可能选取依托当地资源优势和已建环境基础设施、操作简便、运行维护费用低、辐射带动范围广的污水处理模式。

● 分散处理。将农村污水按照分区进行污水管网建设并收集，以稍大的村庄或邻近村庄的联合为宜，每个区域污水单独处理。污水分片收集后，采用适宜的中小型污水处理设备、人工湿地或稳定塘等形式处理村庄污水。分散处理模式具有布局灵活、施工简单、建设成本低、运行成本低、管理方便、出水水质有保障等特点。适用于布局分散、规模较小、地形条件复杂、污水不易集中收集的村庄进行污水处理。在中西部村庄布局较为分散的地区，宜采用分散处理模式。

● 集中处理。集中处理模式首先对村庄产生的污水进行集中收集，统一建设处理设施处理村庄全部污水。污水处理采用自然处理、常规生物处理等工艺形式。集中处理模式具有占地面积小、抗冲击能力强、运行安全可靠、出水水质好等特点。适用于村庄布局相对密集、规模较大、经济条件好、企业或旅游业发达地区进行污水处理。在东部村庄密集、经济基础较好的地区，宜采用集中处理模式。

● 纳入市政管网统一处理。纳入市政管网统一处理模式指村庄内所有生活污水经污水管道集中收集后，统一接入邻近市政污水管网，利用城镇污水处理厂统一处理村庄污水。该处理模式具有投资少、施工周期短、见效快、统一管理方便等特点。适用于距离市政污水管网较近、符合高程接入要求的村庄进行污水处理。靠近城市或城镇、经济基础较好，具备实现农村污水处理由"分散治污"向"集中治污、集中控制"转变条件的农村地区可以采用纳入市政管网统一处理模式。

（2）固体废物防治

水源保护范围内禁止设立粪便、生活垃圾的收集、转运站；禁止堆放医疗垃圾；禁止设立有毒、有害化学物品仓库、堆栈。水源保护范围内厕所达到国家卫生厕所标准，与饮用水水源保持必要的安全卫生距离。

● 粪便无害化：水源保护范围内粪便应实现无害化处理，防止污染水源地。对新厕所的粪便无害化处理效果进行抽样检测，粪大肠菌、蛔虫卵应符合现行国家标准《粪便无害化卫生标准》（GB 7959—2012）的规定。

● 垃圾分类处理：遵循"减量化、资源化、无害化"的原则，倡导水源保护范围内垃圾就地分类，将可回收类垃圾回收再利用，对不同类型的垃圾选择合适的处理处置方式。厨余、瓜果皮、植物农作物残体等可降解有机类垃圾，可用作牲畜饲料，或进行堆肥处理。煤渣、泥土、建筑垃圾等惰性无机类垃圾，可用于修路、筑堤或就地进行填埋处理。废纸、玻璃、塑料、泡沫、农用地膜、废橡胶等可回收类垃圾可进行回收再利用。医疗废弃物、农药瓶、电池、电瓶等有毒有害或具有腐蚀性的有毒有害类垃圾，要严格按照国家的有关规定进行妥善处置。实行县政府出资回收、环保局集中处置、乡镇政府分片转运、村级环保协管员代收暂管的处理模式。

（3）农药污染防治

水源保护范围内严禁施用高残留、高毒农药（如克百威、涕灭威、甲磷胺等），农药包装物及清洗器械的污水按照国家和地方有关标准妥善处置，不能随意丢弃和处置。应选用低毒低残留农药或生物、物理防治方法。

● 选用低毒农药：通过改良农药的毒性，选用毒性小、环境适应性强的农药，来降低其对水源的污染。农药的化学特性是影响农药渗漏的最重要因子，在生产中应尽量选用被土壤吸附力强、降解快、半衰期短的低毒农药。

● 应用生物农药：生物农药具有无污染、无残留、高效、低成本的特点，应大力推广应用。与传统的化学农药相比，生物农药具有对人畜安全、环境兼容性好、不易产生抗性、易于保护生物多样性和来源广泛等优点；但多数生物农药作用速度缓慢、受环境因素影响较大，田间使用技术也不够成熟。

● 生物降解：通过生物的作用将大分子有机物分解成小分子化合物的过程，包括动物降解、植物降解、微生物降解等，具有低耗、高效、环境安全等优点，成为防治农药污染最有优势的技术。可针对农药品种、环境条件在受农药污染的水源保护范围内培养专性微生物、种植特定植物、投放特定土壤动物等来降解农药。

● 化肥污染防治：水源保护范围内应采用测土配方施肥、优化施肥方案等方式确定化肥合理用量。鼓励施用有机肥，发展有机农业。在农田和水源之间建立生态缓冲带或保护带拦截农田流出的养分，利用缓冲带植物的吸附和分解作用，拦截农田氮、磷等营养物质进入水源，防止养分直接流入水源。化肥污染防治方法主要有测土配方施肥、施用缓释肥、发展有机农业等方法。

（4）畜禽养殖污染防治

分散式饮用水水源保护范围内禁止建设畜禽养殖设施。

对于分散式饮用水水源保护范围外可能对水源产生影响的畜禽养殖场和养殖小区，鼓励种养结合和生态养殖，推动畜禽养殖业污染物的减量化、无害化和资源化处置。分散式饮用水水源保护范围周边的分散式畜禽养殖圈舍应尽量远离取水口，应配备粪便、污水污染防治设施，禁止向水体直接倾倒畜禽粪便和污水。采取有效措施防止畜禽粪便在堆放过程中随水流失，鼓励建设沼气池配套改厨、改厕、改圈，并保障运行良好，无害化处理后的沼液和沼渣可还田利用。

（5）工业污染防治

禁止在水源保护范围内新建、改建、扩建排放污染物的建设项目，已建成排放污染物的建设项目，应依法予以拆除或关闭。饮用水水源受到污染可能威胁供水安全的，应当责令有关企事业单位采取停止或者减少排放水污染物等措施。在水源保护范围周边的工业企业进行统筹安排，工业企业发展要与新农村建设相结合，合理布局，应限制发展高污染工业企业。

2.4.3 水源地污染治理

2.4.3.1 藻类水华控制

当分散式饮用水水源发生藻类水华时，优先考虑更换水源，无可替换水源时再启动藻类水华控制工作。针对湖库型饮用水水源地的水华主要发生区域，分析其水文特征、水化学特征、营养负荷特征，以不同水华发生特征为基础，研究制定水华控制方案。适合分散式饮用水水源地的除藻技术有机械打捞、工程物理、生物控藻三类。

（1）机械打捞

通过合适的过滤或者絮凝等技术与装置，高效打捞并实现藻水分离。藻类打捞时间和地点确定技术：根据短期的气象与水文预测信息，确定在未来时间内藻类水华易聚集的时间和地点，组织人员和机械，在藻类高度聚集的水域打捞藻类，提高打捞效率。藻类与畜禽粪便混合发酵生产沼气技术：根据藻类难以发酵的特点，将其与畜禽粪便混合，提高发酵生产沼气的效率。

（2）工程物理

利用过滤、紫外线、电磁电场等物理学方法，对藻类进行杀灭或抑制的技术。物理方法除藻效果普遍较好，可持久使用，但一次性投入成本很高且处理能力有限，大多局限于水处理工程中的应用。

（3）生物控藻

生物控藻技术即利用藻类的天敌及其产生的生长抑制物质来控制或杀灭藻类的技术。主要包括：①利用藻类病原菌（细菌、真菌）抑制藻类生长；②利用藻类病毒（噬藻体）控制藻类的生长；③利用植物的抑制物质、植物间的相互抑制以及富集和争夺营养源的抑藻作用；④利用食藻鱼类控制藻类生长；⑤酶处理技术。

生物防治是最为科学的方法，藻类不宜采用化学药剂来彻底杀灭。一是难以做到，二是代价太大，三是造成环境污染或破坏生态平衡；改用生物学方法并不是彻底杀灭或消除藻类，而是利用生态平衡原理将藻类的生长和繁殖控制在危害水平之下，从而控制藻体数量、防治富营养化带来的各种危害。

2.4.3.2　地下水污染修复

当地下水型分散式饮用水水源发生污染时，优先考虑更换水源，无可替换水源时再启动地下水污染修复工作。地下水污染修复技术主要有物理法修复技术、化学法修复技术、生物法修复技术和复合修复技术等。

（1）物理法修复技术

其核心原理或关键部分是以物理规律起主导作用的技术，主要包括水动力控制法、流线控制法、屏蔽法、被动收集法等。

● 水动力控制法：水动力控制修复技术是建立井群控制系统，通过人工抽取地下水或向含水层内注水的方式，改变地下水原来的水力梯度，进而将受污染的地下水体与未受污染的清洁水体隔开。

● 流线控制法：设有一个抽水廊道、一个抽油廊道（设在污染范围的中心位置）、两个注水廊道（分布在抽油廊道两侧）。首先从上面的抽水廊道中抽取地下水，然后把抽出的地下水注入相邻的注水廊道内，以确保能最大限度地保持水力梯度。同时在抽油廊道中抽取污染物质，要注意抽油速度不能高，但要略大于抽水速度。

● 屏蔽法：在地下建立各种物理屏障，将受污染水体圈闭起来，以防止污染物进一步扩散蔓延。常用的灰浆帷幕法是用压力向地下灌注灰浆，在受污染水体周围形成一道帷幕，从而将受污染水体圈闭起来。

● 被动收集法：是在地下水流的下游挖一条足够深的沟道，在沟内布置收集系统，将水面漂浮的污染物质如油类污染物等收集起来，或将所有受污染的地下水收集起来以便处理的一种方法。

（2）化学法修复技术

其核心流程是使用化学原理的技术，归纳起来主要有两种方式，即有机黏土法和电化学动力修复技术。

● 有机黏土法：利用人工合成的有机黏土有效去除有毒化合物。利用土壤和蓄水层物质中含有的黏土，在现场注入季铵盐阳离子表面活性剂，使其形成有机黏土矿物，用来截住和固定有机污染物，防止地下水被进一步污染。

● 电化学动力修复技术：利用土壤、地下水和污染物电动力学性质对环境进行修复的新技术。电化学动力修复技术是将电极插入受污染的地下水及土壤区域，通直流电后，在此区域形成电场。在电场的作用下水中的离子和颗粒物质沿电流场方向定向移动，迁移至设定的处理区进行集中处理；同时在电极表面发生电解反应，阳极电解产生氢气和氢氧根离子，阴极电解产生氢离子和氧气。

（3）生物法修复技术

利用天然存在的或特别培养的生物（植物、微生物和原生动物）在可调控环境条件下将污染物降解、吸收或富集的生物工程技术。生物修复技术适用于烃类及衍生物，如汽油、燃油、乙醇、酮、乙醚等，不适合处理持久性有机污染物。

（4）复合修复技术

兼有以上两种或多种技术属性的污染处理技术，其关键技术同时使用了物理法、化学法和生物法中的两种或全部。如渗透性反应屏修复技术同时涉及物理吸附、氧化—还原反应、生物降解等几种技术；抽出处理修复技术在处理抽出水时同时使用了物理法、化学法和生物法；注气—土壤气相抽提技术则同时使用了气体分压和微生物降解两种技术。

2.4.4 水源地水质优劣的简易判断

在缺少必要的仪器设备和技术条件的应急情况下，可以用一些简易可行的经验判断方法来判断水质。

（1）眼看

清洁的饮用水应是无色透明的，如水体颜色异常，则表明水质变坏。水体受到腐殖质污染，会变为黄棕色或黄褐色；受到锰盐、铁盐污染，则变为黄褐色或铁锈色；水体混有藻类，呈黄绿色；混有泥沙、黏土，则呈混浊且有异常颜色。

（2）鼻闻

清洁的水是没有异常气味的，受到污染后往往会产生异味。饮用水被粪便污染可有粪臭味；受苯、甲苯等污染，会有芳香味；水中有含硫有机物，会有臭鸡蛋味。根据水的气味特点，可初步判断污染源，为保护和处理水质提供条件。

（3）查水温

地面水的温度常随外界气候变化，而地下水的温度较为恒定。如果水温突然升高，则不论地面水或地下水，往往是受到污染的表现。当水质受到粪便、污物、动植物残体污染，这些有机物分解时，会放出大量热，使水温升高。从卫生角度讲，水温越低，水质越好。

（4）查沉淀物

被污染的饮用水，通常含有较多的固体悬浮物和溶解性物质。因此，水中固体悬浮物和溶解性物质的含量，可作为衡量水质的重要指标。检查时，可将饮用水装入透明玻璃瓶中，经过 24 小时沉淀，再观察瓶底的沉淀物；沉淀物多，则水质不清洁。

（5）舌尝

清洁的饮用水应是无异常味道的。水的异味，大致可分苦、咸、酸、甜、涩 5 种。异味的存在说明水质变坏。水中含有氯化钠、氯化钾时，水味变咸、变苦；含有硫酸钠、硫酸镁时，水味变苦；含有铁盐、锌盐时，水味变涩；含有某些金属氧化物、金属盐或有机物时，水味变甜；含有腐殖质、藻类、异味物质，则有鱼腥味、霉味等味道。

第 3 章

我们喝的水是怎么来的？

3.1　水龙头里的水是怎么来的？

3.1.1　水是怎么来的？——从水源地到自来水厂

水源可分为两大类：地下水水源和地表水水源。地下水水源有浅层地下水、深层地下水、泉水（图3-1）等，我国北方地区多利用地下水水源；地表水水源包括江水、河水、湖泊水、水库水、海水等，在我国南方地区比较普遍。

图3-1　地下水水源：泉水

地下水是一个庞大的家族。据估算，全世界的地下水总量多达 1.5 亿 km^3，几乎占地球总水量的 1/10，比整个大西洋的水量还要多。地下水按埋藏条件和水力特征可分为上层滞水、潜水和承压水。上层滞水的水质与地表水基本相同；潜水含水层通过包气带直接与大气圈、水圈相通，因此其具有季节性变化的特点；承压水地质条件不同于潜水，其受水文、气象因素直接影响小。

地下水在地层渗滤过程中，悬浮物和胶质基本或者大部分被去除，水质清澈。地下水在流经岩层的过程中溶解了多种可溶性矿物质，因此水的含盐量通常高于地表水（海水除外），含盐量的多少及盐类成分取决于地下水流经地层的矿物质成分、地下水埋深、与岩层接触的时间等因素。地下水的硬度普遍高于地表水。

地表水水源中江河水（图3-2）容易受到自然条件影响，水中悬浮物和胶态杂质较多，浊度高于地下水，含盐量和硬度较低。江河水容易受到工业废水、生活污水及其他各种人为污染，因而水的色、嗅、味变化较大，有毒有害化学物质容易进入水体，且水温不稳定。

图3-2　地表水水源：江河水

地表水水源中湖水（图 3-3）和水库水（图 3-4），主要由河水供给，水质与河水相似，但是由于湖水（或者水库水）流动性较差，贮存时间长，经过长期的自然沉淀，其浊度较低。湖水流动性小、透明度高，会给水中浮游生物特别是藻类的繁殖创造良好的条件。同时，水生生物死亡残骸沉积到湖底，使湖底淤泥中积存了大量的腐殖质，一旦风浪泛起，便会造成水质恶化。湖水不断得到补给又不断地蒸发浓缩，故含盐量比河水高，且湖水容易受废水污染。

图 3-3　地表水水源：湖水

图 3-4　地表水水源：水库水

目前饮用水的供水方式，主要包括集中式供水及分散式供水。集中式供水主要以江河水、湖水和水库水为主要水源，主要集中在城市；分散式供水则以卫生防护较差的浅层地下水为主要水源，主要集中在偏远农村，尤其是在山区普遍存在。

集中式供水是自水源中取水，通过输配水管网送到用户或者公共取水点的供水方式，包括自建设施供水。为用户提供日常饮用水的供水站和为公共场所、居民社区提供的分质供水也属于集中式供水方式。集中式供水在入户之前经再度储存、加压和消毒或深度处理，通过管道或容器输送给用户的供水方式为二次供水。日供水在 $1000m^3$ 以下（或供水人口在 1 万以下）的集中式供水为小型集中式供水。

分散式供水是分散居户直接从水源取水，无任何设施或仅有简易设施的供水方式（图 3-5、图 3-6）。分散式供水现象在我国农村普遍存在。蓄水池、水窖等小型分散式供水设施在农村饮用水供水中发挥着重要作用。

图 3-5　分散式供水设施：蓄水池

图 3-6 分散式供水：井水

3.1.2 水是怎么来的？——从自来水厂到水龙头

众所周知，自然降水和湖泊河流水是不能直接饮用的，由于各种自然因素和人为因素，这些水里会含有各种各样的杂质，直接饮用会对人类的健康造成很大的伤害，所以需要对水进行处理消毒（图 3-7）。

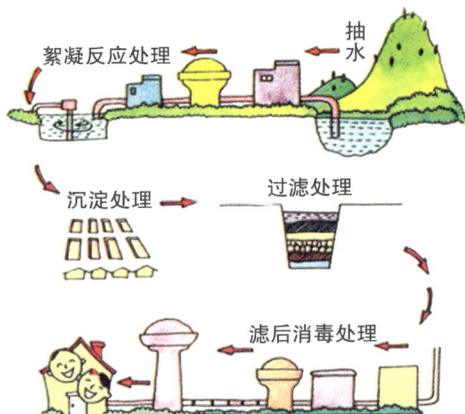

图 3-7 常见自来水生产流程图

首先，从给水处理角度考虑，水体内杂质可分为悬浮物、胶体、溶解物三大类。自来水厂净水处理的目的就是去除原水体中这些会给人类健康和工业生产带来危害的悬浮物质、胶体物质、细菌及其他有害成分，使净化后的水能满足生活饮用及工业生产的需要，自来水厂采用一般水处理工艺包括混合、反应、沉淀、过滤及消毒几个过程。

（1）机械混合、混凝反应处理

原水经取水后，首先经过机械混合、混凝工艺处理，即原水＋水处理剂（药剂）→均匀混合→反应→矾花水。

自药剂与水均匀混合起直到大颗粒絮凝体形成为止，整个过程称混凝。常用的水处理剂有碱式氯化铝、聚合氯化铝、硫酸铝、三氯化铁等。以碱式氯化铝为例，根据铝元素的化学性质可知，投入药剂后水中存在电离出来的铝离子，它与水分子存在以下的可逆反应：

$$Al^{3+} + 3H_2O \leftrightarrows Al(OH)_3 + 3H^+$$

氢氧化铝具有吸附作用，可把水中不易沉淀的胶粒及微小悬浮物脱稳、相互聚结，再被吸附架桥，从而形成较大的絮粒，以利于从水中分离、沉降下来。机械混合过程要求在加药后迅速完成。混合的目的是通过水力、机械的剧烈搅拌，使药剂迅速均匀地分散于水中。经混凝反应处理过的水通过管道流入沉淀池，进入净水的第二阶段。

（2）絮凝沉淀处理

絮凝阶段形成的絮状体依靠重力作用从水中分离出来的过程称为絮凝沉淀，这个过程在絮凝沉淀池中进行。水流入沉淀区后，沿水区整个截面进行分配，然后缓慢地流向出口区，水中的颗粒沉于池底。絮凝沉淀的污泥经不断堆积并浓缩，定期排出池外。

（3）过滤处理

过滤一般是指以石英砂等有空隙的粒状滤料层通过黏附作用截留水中悬浮颗粒，从而进一步除去水中细小悬浮杂质、有机物、细菌、病毒等，使水澄清的过程，整个过滤处理是在滤池中进行的。目前，国内比较普遍采用的是"V"形滤池。"V"形滤池是快滤池的一种形式，因为其进水槽形状呈"V"字形而得名，也叫均粒滤料滤池（其滤料采用均质滤料，即均粒径滤料）、六阀滤池（各种管路上有 6 个主要阀门）。它是我国于 20 世纪 80 年代末从法国 Degremont 公司引进的技术。整个工作过程分为过滤过程和反冲洗过程。

（4）滤后消毒处理

水经过滤后，浊度进一步降低，同时亦使残留细菌、病毒等失去浑浊物保护或依附，为滤后消毒创造良好条件。消毒并非把微生物全部消灭，只要求消灭致病微生物。虽然水经混凝、沉淀和过滤，可以除去大多数细菌和病毒，但消毒则起了保证达到饮用水细菌学指标的作用，同时它使城市水管末梢保持一定的余氯量，以控制细菌繁殖且预防污染。消毒的加氯量（液氯）为 $1.0 \sim 2.5 g/m^3$。主要是通过氯与水反应生成的次氯酸在细菌内部起氧化作用，破坏细菌的酶系统而使细菌死亡。消毒后的水由清水池经送水泵房提升达到一定的水压，再通过输、配水管网送到千家万户。

由自来水的工艺流程可知，原水中原有的悬浮颗粒及胶体物质已在混凝过程中分离。而原水中的致病微生物也已在滤后消毒处理过程中被消灭。因此，在自来水生产过程中已把原水中含有的有害物质去除。

3.1.3　水是怎么来的？——从水龙头到饮用水

目前，绝大多数以地表水为水源的自来水厂，都采用混凝、沉淀、过滤和消毒的常规处理流程。该工艺已延续百余年，仅仅是在池型上有所发展。近年来，由于人类生产活动的迅速发展，水体污染日趋严重，原水中的重金属、有机物等含量增加，常规处理工艺已明显不适应目前的原水水质状况。

另外，随着经济社会的发展、科学的进步和人民生活水平的提高，人们对生活饮用水的水质要求不断提高，饮用水水质标准也相应地不断发展和完善。而目前的水处理工艺和输送过程中存在的问题，保证不了人们对高水质的要求。因此，除强化自来水厂的处理工艺外，水的二次净化也越来越受到人们的重视，各种家庭净水器也应运而生。

国内外对家庭净水器的研究与开发始于 20 世纪 60 年代，在 70 年代达到高峰并一直持续至今。现在对家庭净水器的主攻方向：一是除菌，二是除有机污染物和无机污染物。按水质处理方式不同，净水器可分为以下几大类。

（1）活性炭吸附

● 颗粒活性炭：此方法较为常用，多用木质、媒质、果壳（核）等含碳原料通过化学法或物理活化法制成。它们有非常多的微孔且比表面积大，因而具有很强的吸附能力，能有效地吸附水中的有机污染物。此外在活化过程中，活性炭表面的非结晶部位上会形成一些含氧官能团，这些基团使活性炭具有化学吸附和催化氧化、还原性能，能有效去除水中一些金属离子等。

● 渗银活性炭：将活性炭和银结合在一起，不仅对水中有机污染物有吸附作用，还具有杀菌作用，而且在活性炭内不会滋生细菌，解决了净水器有时在出水时出现亚硝酸盐含量增高的问题。当水通过渗银活性炭时，银离子就会慢慢释放出来，起到消毒杀菌的作用。由于活性炭对去除水中色、嗅、氯、铁、砷、汞、氰化物、酚等具有较好效果，除菌率达 90% 以上，因此被广泛应用于小型家庭净水器中。

● 纤维活性炭：有机碳纤维经活化处理后形成一种新型吸附材料，具有发达的微孔结构，巨大的比表面积，以及众多的官能团。国外在采用纤维活性炭进行溶剂回收，气体净化等方面已取得了显著的成就；在水处理应用方面也做了大量的研究工作。

（2）膜分离法

膜分离技术是目前净水器常用的一种处理工艺，这种方法用压力将水通过合成的膜，膜仅允许水通过，而将污染物截留。系统的运行取决于若干因素，如水压的变化、膜的寿命、膜上面的细菌生长、膜孔的堵塞均会影响出水的品质。按膜截留组分的大小，膜分离法可分微过滤法、超过滤法、反渗透膜法等。

● 微过滤法及超过滤法：微过滤法及超过滤法是用纤维素或高分子材料制成的微孔滤膜，利用其均一孔径来截留水中的杂质。这种微孔膜过滤技术又称粒密过滤技术，能够过滤微米或纳米级的微粒和细菌。微滤一般可截留 $0.1 \sim 1\mu m$

的粒子，超滤微孔小于0.01μm，能滤除的微粒范围更广。超过滤的工作压力一般为0.3MPa左右，可除去水中大分子物质、细菌、病毒等，但通量较低。

● 反渗透膜法：反渗透是利用更致密的膜来进行选择性透过的方法，一般可截留0.11nm以上的粒子。反渗透系统要耗用大量的水，纯水出水量一般占处理水量的1/20～1/10。这种系统费用较高，而且要做日常的服务和换膜等工作。

（3）软化法

软化法是指将水的硬度（主要指水中钙、镁离子）去除或降低至一定程度的方法。水在软化过程中，只是软化水质，而不能改善水质。

（4）蒸馏法

蒸馏法是指将水煮沸，然后收集蒸汽，使之冷却并凝结成液体。蒸馏水是极安全的饮用水，但有一些问题要进一步探讨。由于蒸馏水不含矿物质，长期饮用必然会造成人体的营养失衡，尤其是婴幼儿和青少年正处在智力发育阶段，经常喝蒸馏水，会给他们的健康成长带来不利的影响。另外，利用蒸馏法成本较高，耗费能源，不能去除水中挥发性物质。

（5）磁化法

磁化法是指利用磁场效应处理水，称为水的磁化处理。磁化处理就是水在垂直于磁力线的方向通磁铁后，完成磁化的过程。对水的磁化处理，到目前为止仍处于实践和研究的初步阶段。

（6）矿化法

矿化法是指在净化的基础上再向水中增添对人体有益的

矿物元素（如钙、锌、锶等），其目的是发挥矿泉水的保健作用。市售净水器一般通过在净水器中添加麦板石来达到矿化的目的，但人为的矿化功效现在还是一个有争议的问题。

（7）整水器

整水器是日本发明的产品，它是把水先进行净化处理，然后再进行电解活化，其碱性活化水与人体环境之 pH 值相对应，对人体有保健作用，适合于饮用；酸性活化水可用于洗脸、洗澡，有美容作用。不过，对整水器的整水原理、整水水质以及使用后对人体的影响，均有不同的看法，须进一步探讨。

（8）复合型

当一种工艺难以去除水中的有害物质时，采用两种或以上的工艺即为复合型，如活性炭吸附—紫外线杀菌、活性炭—反渗透、活性炭—微过滤（超过滤）、聚丙烯超细纤维—活性炭—微过滤（超过滤）等。在复合型净水器中，膜技术复合净水器性能优良，特别是在去除微生物（细菌、藻类等）方面有比较显著的效果，其中一些品质优良的净水器出水可以直接饮用，得到了广大消费者的欢迎，已成为净水器当前发展的热点（图3-8）。

图 3-8　经家庭净水器处理的直饮水

从以上净水器的净水原理中不难看出，家用净水器实质上是给水深度处理的小型化设备，其主要处理对象是自来水中的浊度、色度、异嗅和有机物等。它一般由预过滤（粗滤）、吸附、精滤（微过滤、超过滤、反渗透）等三部分组成。其中吸附（通常采用活性炭吸附）和精滤是去除水中有机物、异嗅和色度的主要手段，它的运行情况直接影响净水器的出水水质。

3.2 市售纯净水的特殊工艺

3.2.1 桶装水的处理工艺

桶装水（图3-9）已存在于我们生活的各个角落。洁净安全的桶装水工艺流程为：原水在原水泵作用下进入石英砂过滤器去除大颗粒杂质净化水亮度，再进入活性炭过滤器去除水中异味、化学污染物等；然后进入阳离子树脂软化器软化水中钙、镁离子，将水软化，经精密过滤器去除水中细小颗粒，高压泵将粗滤原水送到RO膜将水进一步处理，净水器把有益的纯净水提纯出来供我们使用，有害的废水排除。具体工艺流程如下（图3-10）：

图3-9 生产的桶装水

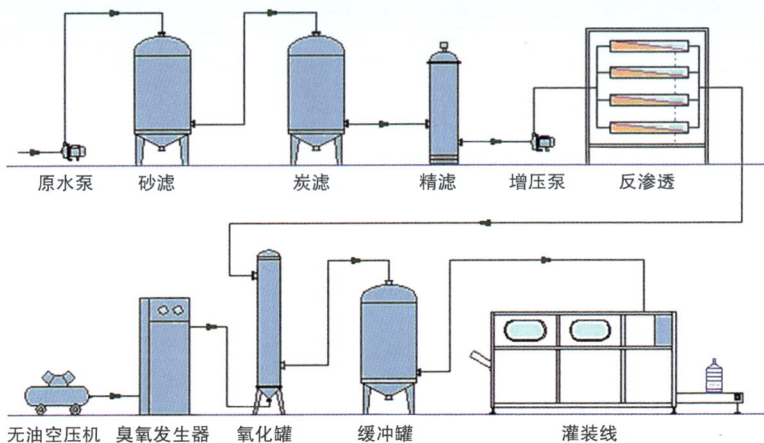

图 3-10 桶装水工艺流程

（1）第一级预处理系统

采用石英砂介质过滤器，主要目的是去除原水中含有的泥沙、铁锈、锰、胶体物质、悬浮物等颗粒；除铁、锰过滤，这步的作用是让水中的铁和锰的含量达到国家饮用水的标准。

（2）第二级预处理系统

采用果壳活性炭过滤器，目的是去除水中的色素、异味、生化降解有机物、降低水的氨氮值及农药污染物和其他对人体有害的污染物。

（3）第三级预处理系统

采用优质树脂对水进行软化，主要是降低水的硬度，去除水中的钙、镁离子（水垢）并可进行智能化树脂再生。

（4）第四级预处理系统

采用精密过滤器使水得到进一步的净化、使水的浊度和色度达到优化，保证 RO 系统安全的进水要求。

（5）反渗透系统

采用反渗透技术进行脱盐处理，去除钙、镁、铅、汞对人体有害的重金属物质及其他杂质，降低水的硬度，脱盐率达 98% 以上，生产出达到国家标准的饮用水。

（6）杀菌系统

把水打入臭氧灭菌塔进行消毒，臭氧灭菌可以消灭水中的大肠杆菌和其他微生物，采用臭氧发生器（根据不同的类型确定）提高保质期。为提高效果，应使臭氧与水充分混合，并将浓度调整到最佳比。

（7）刷桶

采用不锈钢自动刷桶机对桶的内、外壁进行清洗。

（8）冲洗灌装

经处理之后的水通过密封管道输送到灌装车间，用已经清洗过、消毒过的空桶进行灌装。

在生产过程中的各个环节，生产企业都要对水质进行在线检测，只有通过检测合格的水才可以进行灌装，生产出来的水只有达到标准检验合格才能发放到市场出售。

3.2.2 矿泉水的处理工艺

矿泉水是从地下深处自然涌出的或者是经人工开发的、未受污染的地下矿水；含有一定量的矿物盐、微量元素或二氧化碳气体；在通常情况下，其化学成分、流量、水温等在天然波动范围内相对稳定。矿泉水的处理工艺与自来水的处理工艺类似：原水自取水点泵入原水池，先经过多介质过滤罐截留大颗粒杂质、悬浮液，降低水的浊度，然后进入活性炭过滤罐，有效去除色度、嗅味、重金属等，再进入精密过滤器，以确保水中的细菌和前面环节中未去除的杂质不进入下个环节，其次进入纳滤装置去除水中剩余的有害物质，再经过汽水混合塔与臭氧接触，达到消毒效果，最后装瓶（图 3–11）。具体工艺包括以下三个方面。

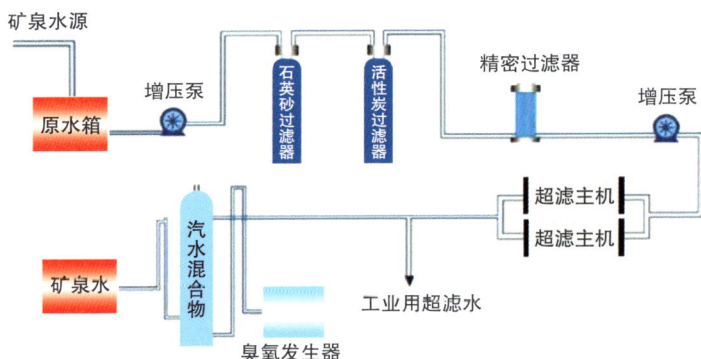

图 3–11　矿泉水的处理工艺流程图

（1）原水预处理

对含铁、锰及矿化度高的原水，要进行预处理，水中含铁高，就会带铁金属味，还会呈色，放置一定时间后会生成沉淀物，影响产品的感官质量。当原水中铁含量超过 0.05mg/L、锰含量超过 0.03mg/L 时，必须去除铁、锰。当原水矿化度大于 500mg/L 时，若有沉淀物生成，必须进行处理。去除铁、锰及高矿化度产生沉淀物可以采用曝气和锰砂过滤等方法。曝气是常用的一种方法，水中溶入充足的氧气，使二价铁离子迅速氧化变为三价铁离子沉淀下来，然后过滤除铁。曝气装置多种多样，作用都是使原水充分接触空气，曝气用的空气必须预先净化，防止空气受到细菌、霉菌和其他微生物污染。也有采用曝气与锰砂过滤联合方法达到除铁、锰的目的。锰砂过滤法是利用二氧化锰之类的东西作滤材，将经曝气和沉淀后的原水通过锰砂过滤达到除铁、锰的目的。当原水中矿化度低于 500mg/L 时，如不易析出沉淀物和氧化物，则不必进行预处理。

（2）过滤工艺

经过预处理或不经过预处理的原水，都要进行过滤，一般矿泉水的过滤分二次：一次是粗滤；另一次是精滤。粗滤采用砂滤棒过滤或沙罐过滤。精滤采用过滤器，选用一定孔径的滤芯材料，过滤以除去水中的泥渣、悬浮物、藻类、细菌、霉菌等杂质和微生物。也可以根据原水的清洁程度选择几次过滤。也有选择采用粗滤、精滤和微过滤串联使用。微过滤一般安装在终端过滤，过滤膜孔径达到 $0.15 \sim 0.2 \mu m$。为了确保矿泉水质量，终端过滤设备必须定期进行检查，要求密封性能好，过滤器内壁光滑，不能有死角，安装完成保证无泄漏。

（3）杀菌工艺

一般矿泉水源较少被污染，污染多是在生产过程中，如输送管路、贮罐、过滤设备、罐装设备、瓶、盖以及灌装环境等。因此经过滤后的水，在装瓶前还需要进行杀菌处理。一般矿泉水的杀菌多采用紫外线杀菌和臭氧杀菌的方法。

● 紫外线杀菌：波长在 $2000 \sim 3000A$ 的紫外线具有杀菌作用，紫外线消毒就是利用这种波长范围的光线照射一定时间，以达到水消毒目的的一种物理方法。紫外线消毒的主要设备是紫外线高压汞灯，灯管一般由石英玻璃制成，这种灯点亮时放射大量具有杀菌能力的紫外线。利用紫外线进行水质灭菌，具有接触时间短，杀菌能力强，处理后水无味、无色等优点。紫外线杀菌效果与矿泉水的浊度、微生物污染及处理水量有关，在照射条件相同的情况下，去除效率一般随水中微生物含量的增高而有所降低。水的色度、浊度、含铁量等都能吸收紫外线，因此水中有这些物质存在时，将直接影响杀菌效果。在水质和照射条件相同的情况下，杀菌效果随处理水量的增加而降低。应根据水量进行试验，以选择适当的灯管数。

● 臭氧杀菌：臭氧是一种极强的氧化剂，杀菌效率高。采用臭氧灭菌时必须控制臭氧用量。臭氧浓度太高，会同矿泉水的部分元素或化合物起化学反应，使某些矿化度高的矿泉水产生沉淀；臭氧浓度太低，达不到灭菌效果。实验表明，瓶装矿泉水臭氧残留量在 0.4mg/L 左右，已达到灭菌效果。使用臭氧发生器要注意产生臭氧浓度的稳定性和臭氧与水混合的均匀性。在生产中要加强对臭氧浓度、流量的检测，严格控制灌装前水中臭氧的残余量。水中有适当的臭氧残余量，可以使矿泉水具有杀菌能力，万一瓶子或瓶盖被微生物污染，也可以被水中的残余臭氧消灭。

3.2.3　高端矿泉水的处理工艺

高端矿泉水全称为高端瓶装饮用水，中国民族卫生协会健康饮水专业委员会将高端水水源地限定为 4 类，即以冰川融水为补给水源的冰川矿泉水、冰川泉水；原生态水源的优质饮用天然矿泉水；世界长寿地区生产的饮用天然矿泉水、饮用优质泉水；具有传统文化背景的著名泉水。具备这四类水源条件之一是成为高端矿泉水的基本条件，这也是高端矿泉水价格昂贵的原因之一。

高端矿泉水的首要特征就是安全，保证饮用水安全是第一位的，也是最基本、最重要的条件，如果水中有一项指标不达标，有再多对身体有益的物质，也不能称作高端矿泉水。中国民族卫生协会健康饮水专业委员会专家认可的高端矿泉水水质检验项目超过生活饮用水卫生标准中要求的 106 项，另外，还要参照欧盟水质标准和美国水质标准的部分指标，这样才能保证高端矿泉水的安全性。其次，高端矿泉水必须有优质的水源地，水源地可能是没有受到污染的冰川水源，这些地区的水质具有独特的物理特性，比如氕的含量较低，呈弱碱性，小分子团水等，长期饮用对人体健康有益。除了水质以外，市场定位也必须高端。因此，要被称为高端矿泉水必须是水源地、水质、市场定位等多种条件同时具备。

随着人们对生活质量要求的不断提高，饮用水的健康问题越来越受到公众的关注，同时高端消费群体对高档水的需求也在不断增长。但是长期以来，国内高端矿泉水市场一直是由外资品牌占据主导地位，如依云、斯柏克林、巴黎水等品牌。如今这一格局正在被打破，国内多家企业纷纷瞄准这一行业，高端矿泉水市场变得繁荣起来。5100 西藏冰川、二泉映月、九千年、昆仑山、景田百岁山、恒大冰泉等高端矿泉水新品牌越来越多地出现在矿泉水市场上。5100 西藏冰川矿泉水，其所处的自然条件、生态环境和水质特征在世界上是独一无二的，该企业引进德国克朗斯公司生产的速率为28000bpn 和 36000bpn 的矿泉水生产线，其产品定位高端市场。无锡二泉映月矿泉水有限公司推出"二泉映月天然矿泉水"，其特点是低钠、低矿化度、无溴酸盐，适合敏感人群（孕妇、婴幼儿、老年人、青少年）日常饮用，采用全球三大食品安全系统天然矿泉水标准生产工艺，从原水、灌装前、灌装，全程无菌，不使用臭氧杀菌，杜绝溴酸盐，并通过（FSSC）22000 食品安全体系认证，全程食品安全可追溯，是国内第一条无臭氧工艺无菌线灌装的天然矿泉水生产线。恒大冰泉水源地为吉林省长白山深层矿泉，与欧洲阿尔卑斯山、俄罗斯高加索山一并被公认为是世界三大黄金水源地。在生产工艺方面，恒大冰泉整个生产线均引进世界上先进的生产设备，且采用直接从深层火山岩中取水，无空气接触灌装生产，最大限度地避免接触污染。此外，为提高存储量，新厂还引进了先进仓储管理概念——自动化立体仓库技术，实现存取自动化，操作简便化，仓储能力得到 10 倍提升，极大地提升了产能储备能力，加强了集中调配产品资源的主动性。

总之，高端矿泉水有不同的类型，应采取不同的水质处理工艺。同一类型的高端矿泉水某些元素含量不同，因此处理的方法也有所不同。各企业根据水源的类型和不同的元素含量制定符合自己产品的合理的水质处理工艺。国内高端矿泉水品牌的出现，也是中国消费从低端向高端发展的必然，更是用水精细化趋势的体现。随着人们的生活观念的转化，高端矿泉水的消费量将不断提高，中国饮用水的市场格局势必会在真正的高端水引领下发生变化。

3.3　市售的各种净水装置

净水器就是对自来水进行深度处理的饮用水装置。家用净水器开始于 20 世纪 50 年代，到 20 世纪 70 年代开始流行，一直持续至今。特别是在 20 世纪美国首次发现自来水中存在着消毒副产物开始，作为一种家庭自我保护的装置，许多家庭开始安装和使用净水器。作为 21 世纪的一个朝阳环保产业，它对人类的饮用水健康发挥了举足轻重的作用。本部分收集了目前我国市场占有率较高的各种净水装置，简述其相关技术性能及在水质净化方面能够起到的作用。

（1）多伦斯净水器（图 3-12）

多伦斯是首家将过滤净水应用到家庭生活中的公司，在发展的过程中，多伦斯从工程转到家用净水上，从净水技术上不断改进，取得了世界范围内的认可，先后开发 PVDF、PVC、PAN 等材料，以及 RO 反渗透材料，在净水领域不断推陈出新，解决家庭饮用水的净水问题。同时，多伦斯研发的"微废水"技术一直处于净水行业的领先地位。

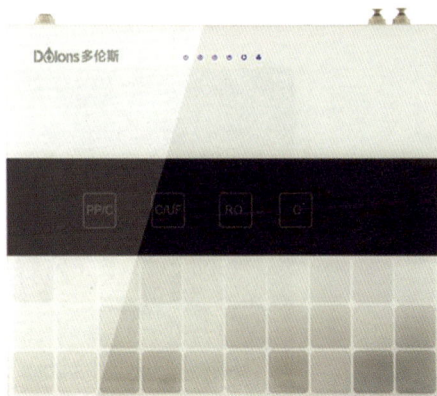

图 3-12　多伦斯净水器

（2）汉斯顿净水器（图3-13）

汉斯顿是德国净水器领跑者，拓展到中国后壮大了规模。汉斯顿采用自主超滤膜技术，使用高科技使超滤膜的架构以链式结合，网状分布，这种结构超滤膜具有超强韧性，改变了传统超滤膜的交错结构，有效增加了超滤膜的过滤精度，更不易断裂。汉斯顿净水器使用纳米学原理，分子排列更加整齐，膜表面看起来更加光滑，使膜壁光滑，具有高强抗污染性能；在滤料滤芯成型过程中，采用超声波和电磁波处理成纳米级微粒，再糅合滤料，滤芯排列实现规则性纳米级微孔，自来水经过多道过滤，保证每一滴水的精度净化。同时结合美学和净化工艺的特性，采用循环弧线技术，可以有效抗污染，有利于彻底反冲洗，延长超滤膜的使用年限。氮气具有稳定性而且易于生成，在汉斯顿净水器的核心部件中，都采用氮气保护技术，避免空气进入净水器，在产品闲置时，如果净水器核心部件直接接触空气，会加快膜组件的氧化速度，导致产品的使用寿命大大缩短。

图3-13　汉斯顿净水器

（3）斯帝沃净水器（图3-14）

斯帝沃是较早进入净水器行业
的厂家。斯帝沃目前采用第五代超
滤膜的生产线，结合世界顶尖超滤
膜配方，生产了第五代NPAN超滤
膜和NTF纳米合金材料。斯帝沃
已参与7项国际净水标准的制定，
其中3项国际标准已经颁布实施，
斯帝沃自主创新技术在国际标准领
域得到了认可。斯帝沃是英国参与

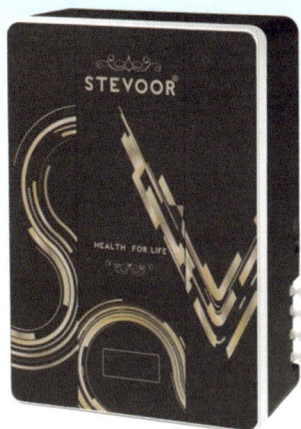

图3-14　斯帝沃净水器

国际标准、国家标准、行业标准最多的环保企业之一。

（4）CBA净水器（图3-15）

CBA是全球性的多元化科技企业，横跨工业、医疗、食
品饮料和饮用水等多个行业，涉及的领域比较广泛，净水器
只是其中一个方面。CBA是第四代物联智能净水器倡导者、
去反渗透膜倡导者，第五代动能热水器创立者。CBA掌握先
进的海水淡化工艺，在不使用RO膜的前提下，CBA终结者

图3-15　CBA净水器

75

系列能将 40000 多碘值的海水直接净化为 0 碘值的海水，此项技术的应用和推广有可能完全颠覆 RO 膜在家用净水器市场上的统治地位，是家用净水器市场上极具颠覆性的产品。

（5）道尔顿净水器（图 3-16）

图 3-16　道尔顿净水器

英国道尔顿净水器创立近两百年，在这漫长的历史中，多次为英国净水事业做出突出贡献，并被授予皇室头衔，不断创造奇迹，延续至今。道尔顿净水器的瓷胆是采用天然材料制成，不含任何人造物质，安全环保，坚固耐用，绝不会给过滤程序带来污染。道尔顿独有的矽藻瓷滤芯在世界各地都享负盛名，过滤后水质清纯，不需要煮沸就可放心饮用。

（6）圣帝尼净水器（图 3-17）

圣帝尼公司不断致力于净水设备的研发，拥有多项科技

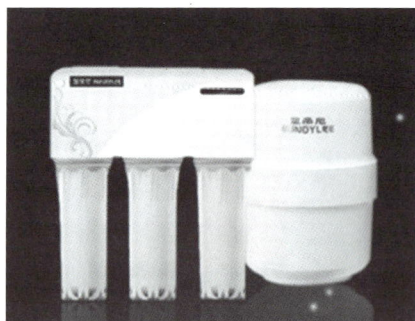

图 3-17　圣帝尼净水器

专利，产品畅销世界 120 多个国家和地区。圣帝尼净水器是全球最著名的生饮用水处理设备，被美国卫生协会 NSF 评定为"第一级生饮用水设备"，其两项世界专利，能使污染的水源通过其滤芯过滤后

达到完全净化效果，符合生饮水标准。

（7）威世顿净水器（图 3-18）

威世顿净水设备有限公司是一家闻名全球的纯水和净水

设备生产厂家。威世顿
RO 净水系列，采用美国
进口反渗透膜，过滤精
度 高 达 0.0001μm，附
加矿化系统，出水甘甜
爽口。净水机能直接过
滤掉水中所有危害物质，
推荐在水垢严重的地区
使用。

图 3-18　威士顿净水器

（8）沁园净水器（图 3-19）

沁园集团是一家专业从事净水设备、饮水设备、工业成
套水处理设备、水处理膜等系列环保产品的国家高新技术企
业，是国家创新型试点企业和国家知识产权示范创建企业。

沁园净水器可以有效清除水
中的氯、重金属、细菌、病毒、
藻类以及固体悬浮物，后置
活性炭粒可以进一步去除水
中的各种有机物，使处理后
的水清澈洁净、无菌。水处
理自动控制器特有的自动维
护功能，可定时恢复整个系
统净水效能。系统具有长期、

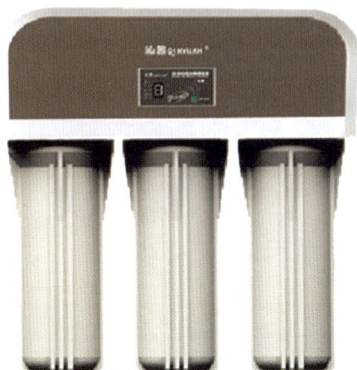

图 3-19　沁园净水器

持续、稳定的净化能力，无须频繁更换滤芯，极大地降低了运行成本。控制器对水流采取自吸式控制，处理前后的水压保持不变，保证用水高峰期用户用水量的稳定。沁园净水器外观精巧，根据不同用户要求的使用空间条件，可将系统进行多台器并联或串联，以增加产水量，或进一步提高出水水质。机身结构的专利设计保证了大流量、稳定水压、直流式即时处理功能。食品级玻璃钢桶符合家庭用品的独立、个性、环保需求。

（9）立升净水器（图 3-20）

立升净水器企业成立于 1992 年，专注于超滤膜技术的开发、生产和推广应用，是一家集水处理科学技术研究、超滤设备制造、销售和服务为一体的高科技企业集团。它是目前世界上少数几个能自主开发高性能超滤膜并达到产业化生产

图 3-20　立升净水器

的大型超滤膜供应商之一。立升净水器是国内少数涉及超滤膜的研发生产的企业之一，在膜工业方面取得了很多重大突破，其产品性能良好，净化效果极佳，热销于国内外，在业界的地位较高，不过只经营适合南方水质的超滤膜净水器，这在很大程度上缩小了市场份额。

第4章

饮用水大揭秘：带你开展科学实验

《生活饮用水卫生标准》（GB 5749—2006）规定了生活饮用水水质卫生要求、生活饮用水水源水质卫生要求、集中式供水单位卫生要求、二次供水卫生要求、涉及生活饮用水卫生安全产品卫生要求、水质监测和水质检验方法，其中共包含 106 项检测指标：

- 微生物指标 6 项，如总大肠菌群、菌落总数等；
- 消毒剂指标 4 项，如氯气、臭氧等；
- 毒理指标中有机化合物 53 项，如甲醛、苯等；毒理指标中无机化合物 21 项，如砷、汞等；
- 感官标准和一般理化指标 20 项；
- 放射性指标 2 项，包括总 α 放射性，总 β 放射性。

4.1　自来水和纯净水成分大揭秘

目前，我国主要饮水类型为自来水、桶装水、分质供水和自动售水机售水。桶装水主要分为纯净水、矿泉水和矿物质水三大类。纯净水是指自来水或者地下水，经过活性炭过滤、超滤、反渗透、臭氧处理而得到的饮用水。随着人们生活水平的提高和对健康意识的增强，相当一部分人开始饮用经过处理的纯净水，且比例逐年增高。由于纯净水一般可以直接饮用，其卫生安全性更加令人关注。

按照国家标准，有研究[①]分别对自来水和纯净水进行了

---

① 覃忠书. 自来水、纯净水、井水水质分析及其卫生学意义 [J]. 职业与健康，2008，12：1189-1190.

水质监测。其中，总硬度、氯化物、溶解性总固体、硝酸盐、化学耗氧量、挥发酚类、阴离子合成洗涤剂、铬（六价）等采用经典化学手段测定；氟化物采用负离子选择性电离测定；微量元素以原子吸收分光光度计和原子荧光分光光度计测定。

结果如表 4-1 所示：

表 4-1　　　　　　　自来水与纯净水水质测定结果　　　　（单位：mg/L）

检测项目	色度（度）	浑浊度（NTU）	pH值	氯化物	氟化物	硝酸盐	溶解性总固体	总硬度（以CaCO₃计）	挥发酚类（以苯酚计）	阴离子合成洗涤剂
自来水	10	< 1	7.0	146	0.7	7.3	851	411	< 0.002	0.11
纯净水	5	< 1	6.6	120	0.2	5.1	530	246	< 0.002	0.03
国家标准限值	15	1	6.5～8.5	250	1.0	10	1000	683	0.002	0.3

检测项目	化学需氧量	铬（六价）	砷	汞	镉	铅	铁	锰	铜	锌
自来水	2.7	0.01	< 0.01	< 0.001	< 0.005	< 0.01	0.22	< 0.1	0.54	0.47
纯净水	1.1	0.002	0.001	< 0.001	< 0.005	< 0.01	0.13	< 0.1	0.19	0.13
国家标准限值	3	0.05	0.01	0.001	0.005	0.01	0.3	0.1	1.0	1.0

测定结果表明，自来水和纯净水中所有指标均符合国家生活饮用水卫生标准。从感官性状和一般理化指标看，纯净水在总硬度、氯化物、溶解性总固体、阴离子合成洗涤剂、

化学需氧量均较自来水低，pH 值也低于自来水。从毒理学指标看，纯净水均明显优于自来水。而从微量元素、常量元素来看，在纯净水中人体必需的微量元素铁、锌含量均明显低于自来水。

相较于自来水，在纯净水中一些有害成分被去除掉，但同时自来水中对机体健康有利的一些微量元素成分也相应降低。

4.2　桶装水存放一周，有害物质会增加吗？

为了适应人们对于高质量饮用水的需求，市场上各式桶装饮用水应运而生。然而调查表明，许多人在饮用桶装水时，很少会关注桶身上标注的生产日期和保质日期，甚至在存放数周后仍在饮用。桶装水在为我们带来了方便的同时，也增加了饮用水污染的隐患。

为了了解桶装水饮用过程中水质的变化趋势，依据《瓶（桶）装饮用水卫生标准》（GB 19298—2003），有研究[1]分别对其亚硝酸盐、大肠杆菌和细菌总数 3 项对人体生理有较大影响，并具有普遍意义的指标进行了检测。在研究中，随机选取了 3 个采样对象，按照桶装饮用水使用过程中第 1、3、5、7 天 4 个时点，分别对 3 个对象进行无菌采样，结果如表 4-2 所示：

---

[1]　杨世冬，贾宇，兰桂琴. 当前桶装水饮水习惯存在污染隐患的调查 [J]. 现代预防医学，2006，8：1463-1464.

表 4-2 　　　桶装饮用水使用过程中污染情况检测结果

时间（天）	样品编号	检测指标		
		亚硝酸盐（mg/L）	细菌总数（cfu/mL）	大肠杆菌（MPN/100mL）
		卫生标准 ≤ 0.005	卫生标准 ≤ 50	卫生标准 ≤ 3
1	A1	未检出	2	＜ 3
	B1	0.003	11	＜ 3
	C1	0.002	23	＜ 3
3	A3	0.003	42	＜ 3
	B3	0.016	56	4
	C3	0.009	105	＜ 3
5	A5	0.012	403	7
	B5	0.041	530	8
	C5	0.021	781	5
7	A7	0.042	1415	12
	B7	0.101	1872	23
	C7	0.087	3249	18

　　检测结果显示，储存 3 天之后，相关指标与存放一天相比略有增加，细菌总数增加较为明显。储存 5 天之后，其亚硝酸盐、细菌总数大幅增加，严重超过卫生标准的要求。储存一周之后，其各项指标可达标准的数十倍以上，表明水质可能恶化，不适宜继续饮用。

　　桶装水开封后不再是密闭环境，开封后，细菌容易随着空气进入水桶之内，存放的时间越长，毒理及微生物指标越有可能超标，且饮水机内胆的环境有利于细菌繁殖，因此桶装水应当在开封后尽快喝完（图 4-1）。

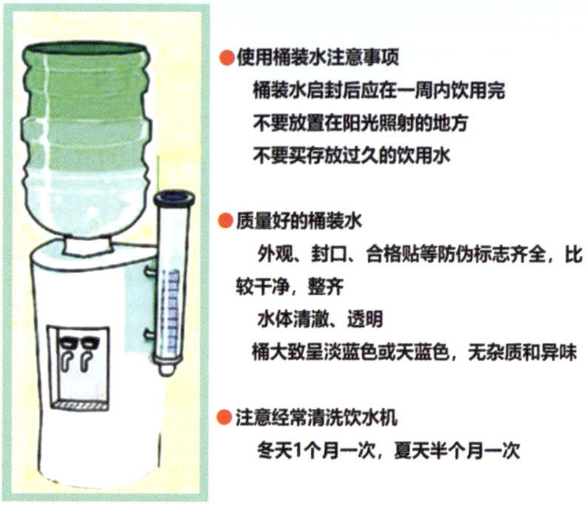

图 4-1　桶装水饮用注意事项

4.3　反复烧开的千滚水能喝吗?

亚硝酸盐在一定程度上反映了水中受到含氮类有机物污染的程度,已被公认是我们日常生活饮用水中的一项主要污染物指标。一旦进入人体,亚硝酸盐会引发高铁血红蛋白血症,出现组织缺氧症状,甚至可能形成致癌物质。而且,由于亚硝酸盐广泛存在于水体、土壤和各类食物中,国家卫生标准《生活饮用水卫生标准》(GB 5749—2006)中规定,以氮计的硝酸根浓度的标准是 10mg/L。另外,依据《瓶(桶)装饮用纯净水卫生标准》(GB 17324—2003)规定,亚硝酸盐的含量限值为 0.002mg/L。

近来,一些传言称"反复煮开的千滚水极易使水中的硝酸盐转化成为亚硝酸盐,饮用后会使人中毒,甚至致癌",在生活中广泛流传。究竟水中的亚硝酸盐是否会随着反复加热的过程增加，又是否能达到使人中毒甚至致癌的程度？

2013年，央视新闻曾报道专家针对这个问题进行了实验。通过离子色谱仪，专家分别对三组水样中的亚硝酸盐含量进行了检测。结果如图4-2所示：

第一组亚硝酸盐含量	
自来水	0.010mg/kg
烧开放置4天	0.029mg/kg

第二组亚硝酸盐含量	
自来水烧开1次	0.007mg/kg
自来水烧开2次	0.013mg/kg
自来水烧开3次	0.014mg/kg
自来水烧开4次	0.016mg/kg
自来水烧开5次	0.010mg/kg

第三组亚硝酸盐含量	
桶装矿泉水	0.004mg/kg
反复加热3天	0.014mg/kg

图4-2　千滚水中的亚硝酸盐含量

第二组实验结果表明，随着自来水烧开的次数增加，亚硝酸盐的含量也相对升高。其中，烧开一次的自来水中亚硝酸盐的含量最低。另外，结合第一、二组实验的结果来看，久置和反复烧开是导致自来水中亚硝酸盐含量升高的主要原因。第三组包括桶装矿泉水和通过饮水机反复加热的桶装矿泉水，饮水机反复加热桶装矿泉水也会导致水中的亚硝酸盐含量增加。

而且，也有研究[1]模拟校园茶炉反复烧水的情形，并通过重氮偶合分光光度法测定水样中的亚硝酸盐。研究结果如表4-3、表4-4所示：

---

① 王凡，韩曦，王重芳，等 . 某校茶炉饮用水高亚硝酸盐状况及产生机理研究 [J]. 现代预防医学，2007，13：2488-2489.

表 4-3　不同加热时间出水中（≥ 95°C）亚硝酸盐和硝酸盐含量

加热时间（min）	亚硝酸盐含量（mg/L）	硝酸盐含量（mg/L）
25	0.0029	11.7734
50	0.0115	10.9553
75	0.0125	11.1789
150	0.1471	12.2967

表 4-4　　　　不同煮沸次数的亚硝酸盐和硝酸盐含量

水样类型	亚硝酸盐含量（mg/L）	硝酸盐含量（mg/L）
一次沸水	0.0008	11.9597
二次沸水	0.0020	11.7056
三次沸水	0.0028	13.3096

结果表明，茶炉饮用水中确实存在含量较高的亚硝酸盐。高温与贫氧条件促进了从硝酸根转化为亚硝酸根的反硝化作用。

按照成人摄入亚硝酸盐含量最高为 0.2g 计算，一次性摄入千滚水的质量需要达 10t 左右才会对人体造成危害。因此，千滚水中确实含有较高含量的亚硝酸盐，但并不至于对人体形成危害。但是，长期饮用千滚水对健康无益。人们在生活中还是要尽量避免重复加热、煮沸饮用水。

4.4　将水烧开多长时间可以去除自来水中的氯?

人们喝白开水是一种好习惯，但水最好不要一烧开就喝。

目前的自来水一般是采用加氯消毒，自来水厂出水中通常含有一定浓度的氯。在自来水到达居民家中时，还会有余氯残留。虽然自来水厂管线末梢余氯都符合国家标准，但是有些离水厂近的居民，还能在水中闻到明显的氯味。

根据已有的报道，建议烧开水时按照这三步进行：首先，将自来水接出来后先放置一会再烧；其次，水快开时把壶盖打开；最后，水开后等 3 分钟再熄火。这样烧出来的"开水"更加健康。

4.5 市售的净水器到底有用吗？

净水器，安装于家庭自来水管道或者是厨房等水流管道的末端，通过内部的净水单元或滤芯，对自来水中的有害物质可以起到过滤去除的作用，用于解决市政自来水的二次污染，起到末端保护的作用。

（1）生活饮用水水质处理器的类别

《涉及饮用水卫生安全产品检验规定》中，生活饮用水水质处理器主要分为三类：

● 一般水质处理器，包括活性炭处理器、膜过滤、另加消毒组件的水质处理器等；

● 矿化水器；

● 纯净水处理器，包括反渗透、电渗析、蒸馏水器等。

按照滤芯组成可以分为反渗透净水器、超滤净水器、能量净水器和陶瓷净水器等。反渗透净水器标配的是 5 级过滤，即 PP 棉、颗粒炭、压缩炭、RO 反渗透膜、后置活性炭（也称小 T33）5 级；超滤净水器是以超滤膜为主，其他滤芯如活性炭（不包括能量滤芯）为辅，超滤净水器按照安装方式分为立式与卧式两种，立式超滤净水器由 PP 棉、颗粒活性炭、压缩活性炭、外压超滤膜、T33 组成；卧式超滤净水器由不锈钢外壳、内压超滤膜、KDF 等滤芯组成。能量净水器在滤芯的组成结构中单独或者复合添加了矿化石、活化石、小分子石、磁石等有利于人体吸收的净化水成分。

（2）常见的家用净水器类别

目前，市场上常见的家用净水器包括龙头式净水器、台式净水器、软水机、纯水机、直饮水机和矿化净水器。

● 龙头式净水器：可直接安装在自来水管上，结构简单，安装方便，成本较低。但龙头式净水器主要针对粒径较大的颗粒物质和铁锈，对细菌病毒的去除效果并不明显，且出水不能直饮。

● 台式净水器：最常见的家用净水器类型，一般与厨房水龙头相连，通过进水和出水两条管线与净水器主机相连，对自来水的出水净化效果较好。

● 软水机：利用离子交换树脂去除水中过多的钙、镁离子，以降低水的硬度。

● 纯水机：利用粒径极小的反渗透膜将水分子与细菌病毒、胶体和重金属等有害物质分离去除。

● 直饮水机：利用多级净化技术以去除水中的余氯、重金属和细菌病毒等，又可以保留有益的矿物质。

● 矿化净水器：一般指在多级净化的过程中添加对人体有益的矿物元素。

有研究[①]针对目前嘉兴家庭中使用的净水器进行了调研，结果表明：大多数家庭选择龙头式净水器和台式净水器，而台式净水器中滤芯则多采用超滤技术（图4-3）。

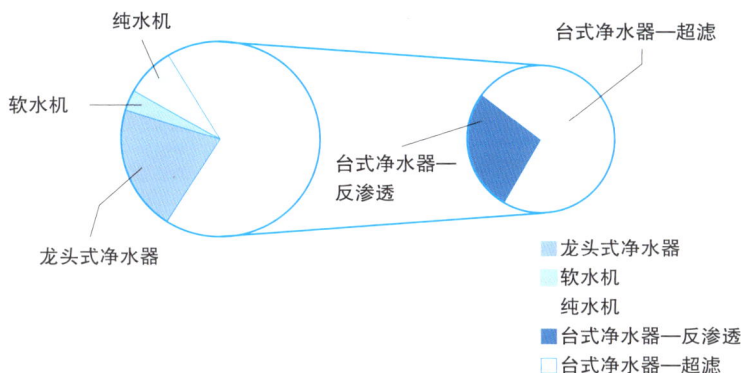

图 4-3　家用净水器分类统计结果

在该研究中，以 14 款市场上购买的国内外品牌家用非反渗透类型净水器作为实验对象，净化单元主要是活性炭、微滤、超滤等多种工艺的组合。实验中采用 TOC（总有机碳）作为水中有机物含量的主要参数，且取 1.0mg/L 作为限制。

以每款净水器通水量 100L 之内多次采样的平均 TOC 去除率表示每款净水器运行初期的有机物净化性能，结果表明：大多数净水器运行初期对于 TOC 的去除效果较好，多数均可以达到 50% 以上（图 4-4、图 4-5）。

但是，活性炭对有机物的去除受到其自身吸附容量的限制，吸附效能随着产水量的增加逐渐下降。因此，其净化性

① 杨琳娜. 家用活性炭净水器对饮用水中有机物深度净化性能研究 [D]. 上海：上海师范大学，2014.

89

能的下降速度实际上直接决定了净水器的使用价值。通过分别对多级结构的净水器与一体化滤芯结构的净水器在长期使用过程中的性能衰减情况的检验后发现：一体化净水器对水中有机物的去除有持续高效的净化性能，性能衰减较慢，同时有节约成本、体积小巧的特点，适宜家庭长期使用；而多级结构的净水器并不能通过结构单元的增加长期有效地改变出水水质，而且需要更多的滤芯更换成本。

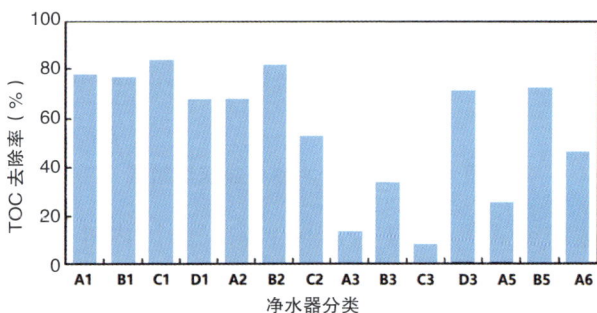

图 4-4 14 款净水器运行初期 TOC 去除效果

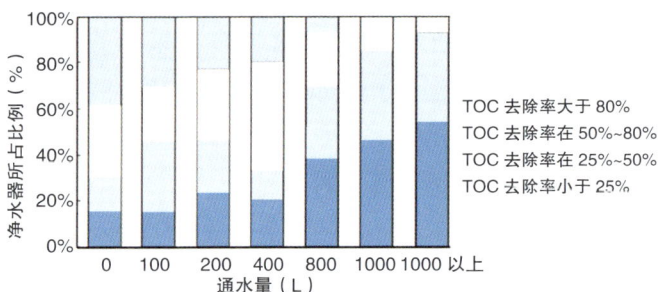

图 4-5 测试净水器 TOC 去除率随过水量的变化趋势

第 5 章

饮料大不同

饮料是指以水为基本原料，由不同的配方和制造工艺生产出来，供人们直接饮用的液体食品。饮料除提供水分外，由于在不同品种的饮料中含有不等量的糖、酸、乳、钠、脂肪、能量以及各种氨基酸、维生素、无机盐等营养成分，因此有一定的营养。

5.1 饮料的分类

常见饮料按成分一般分为不含酒精饮料和含酒精饮料（图 5–1）。

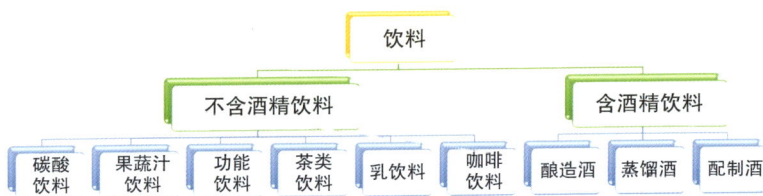

图 5–1 饮料的分类

5.1.1 不含酒精饮料的分类

● 碳酸饮料：是将二氧化碳气体和各种不同的香料、水分、糖浆、色素等混合在一起而形成的气泡式饮料，像可乐、汽水等。主要成分包括碳酸水、柠檬酸等酸性物质，以及白糖、香料等，有些含有咖啡因。

● 果蔬汁饮料：各种果汁、鲜榨汁、蔬菜汁、果蔬混合汁等。

● 功能饮料：含各种营养要素的饮品，满足人体特殊需求。

● 茶类饮料：各种绿茶、红茶、花茶、乌龙茶、麦茶、凉茶以及冰茶等饮品，有些含有柠檬成分。

● 乳饮料：牛奶、酸奶、奶茶等以鲜乳或乳制品为原料的饮品。

● 咖啡饮料：以咖啡豆的萃取液、浓缩液为主要原料加工而成的饮品。

5.1.2　含酒精饮料的分类

市面上含酒精饮料品种繁多，各种品牌琳琅满目。我们在这里按照制造工艺，把它们简单地分一下类。按照制造工艺，酒大多可纳入这三类：酿造酒、蒸馏酒和配制酒。

酿造酒：是制酒原料经发酵后，并在一定容器内经过一定时间的窖藏而产生的含酒精饮品。这类酒品的酒精含量一般都不高，不超过百分之十几。这类酒主要包括啤酒、葡萄酒和米酒。

蒸馏酒：蒸馏酒的制造过程一般包括原材料的粉碎、发酵、蒸馏及陈酿 4 个过程，这类酒因经过蒸馏提纯，故酒精含量较高。按制酒原材料的不同，大约可分为：中国白酒、白兰地、杜松子、伏特加、龙舌兰以及朗姆酒。

配制酒：是以酿造酒、蒸馏酒或食用酒精为酒基，加入各种天然或人造的原料，经特定的工艺处理后形成的具有特殊色、香、味、型的调配酒。中国有许多著名的配制酒，如虎骨酒、参茸酒、竹叶青等。外国配制酒种类繁多，有开胃酒、利口酒等。

5.2 几种典型的市售饮料介绍

5.2.1 可乐

可乐是黑褐色、甜味、含咖啡因的碳酸饮料，但不含酒精，非常流行。可乐主要口味包括香草、肉桂、柠檬香味等。名称来自可乐早期的材料之一：可乐果提取物。最知名的可乐品牌有可口可乐和百事可乐。

（1）可乐的起源

可乐是由美国的一位名叫约翰·彭伯顿（图5-2）的药剂师发明的。他期望创造出一种能提神、解乏、治头痛的药用混合饮料。彭伯顿调制的"可卡可拉"，起初是不含气体的，饮用时兑上凉水，只是由于一次偶然的意外，才变成了碳酸饮料。1886年5月8日下午，一个酒鬼跌跌撞撞地来到

图5-2　可乐创始人：约翰·彭伯顿

了彭伯顿的药店，说道："来一杯治疗头痛脑热的药水可卡可拉。"营业员本来应该到水龙头那儿去兑水，但水龙头离他有 2m 多远，他懒得走动，便就近抄起苏打水往可卡可拉里掺。结果酒鬼非常喜欢喝，他喝了一杯又一杯，嘴里不停地说："好喝！好喝！"酒鬼还到处宣传这种不含酒精的饮料所产生的奇效。在约翰·彭伯顿去世前，他们把专利权出售。40 年后，世界上无人不知可口可乐。

（2）长期饮用可乐对人体的危害

● 可乐中的磷酸会降低人体内钙的吸收。

● 可乐中的咖啡因可以导致人睡眠系统紊乱，长期饮用可乐容易使人失眠、兴奋、紧张，并且还会损害人的骨骼，最终导致严重的健康问题。

● 布洛芬与可乐不可同时服用。解热、镇痛和消炎的常用药布洛芬对胃黏膜有刺激作用，而咖啡、可乐中含有的咖啡因也会刺激胃黏膜，促进胃酸分泌。如果服用布洛芬后立即喝咖啡、可乐，会加剧对胃黏膜的刺激，严重者还会出现胃出血、胃穿孔等。

● 导致肥胖。可乐中的糖基本属于单糖，也就是说，这些糖会直接进入血液。血液中的血糖迅速升高，会刺激胰岛素无规律地大量频繁释放，促进脂肪合成，最终导致肥胖（图 5-3）。

图 5-3　长期饮用可乐可能导致肥胖

（3）不宜饮用可乐的人群

● 儿童不宜：咖啡因对中枢神经有较强的兴奋作用。有学者研究证明，儿童多动症与此有关，会引起儿童精神烦躁、不守纪律、学习成绩下降、牙齿损坏等问题。

● 育龄妇女不宜：常饮含咖啡因饮料的妇女难以受孕，喝可乐又吸烟的妇女怀孕更难，故育龄妇女不宜饮用。

● 孕妇不宜：咖啡因会抑制胎儿在母体中的正常发育，喝可乐过多，生下的婴儿往往体重偏轻，自然死亡率较高。

● 老年人不宜：可乐有利尿作用，可使钙的吸收减少一半。老年人经常饮用含咖啡因的饮料，会加剧体内钙质的缺乏，引起骨质疏松，容易骨折。

● 高血压患者不宜：饮含咖啡因的饮料过多，会使血脂升高，容易加剧动脉硬化。高血脂患者多饮，会加速病情的恶化。

● 吸烟者不宜：咖啡因在尼古丁诱变物质的作用下，易使身体某些组织发生突变，甚至导致癌细胞的产生。

● 骨折者不宜：可乐中所含的咖啡因会加速熏烧食物分解后的碳离子活动，这种现象会导致体内的钙质严重流失，骨折患者处于骨痂形成、钙化的时候，钙质的流失对恢复影响很大。

5.2.2 橙汁

橙汁是以橙子为原料经过榨汁机压榨得到的果汁饮料，比较新鲜，营养价值高，可经过冷冻后饮用或直接饮用（图5-4）。

图5-4 橙汁

（1）橙汁的功效

柑橘类水果汁，特别是橙汁中的黄酮能有效抑制乳腺癌、肺癌等细胞的增生。经常饮用橙汁也可以有效预防某些慢性疾病、维持心肌功能以及降低血压。研究显示，每天喝3杯橙汁可以增加体内高密度脂蛋白（HDL）的含量，从而降低患心脏病的可能。此外，在服药期间吃一些橙子或饮橙汁，可增加机体对药物的吸收量，从而使药效加倍。

（2）橙汁的主要成分

橙汁中除去大量水分和碳水化合物外，还具有较高的热量，包含有维生素、钙、钾、钠、镁等多种营养成分（图5-5）。市售的橙汁类饮料还含有人工色素、食品添加剂等有害成分。

图5-5　橙汁的主要成分

（3）过量饮用橙汁饮料的危害（图5-6）

● 橙汁罪状一：热量高过汽水。

据美国媒体报道，越来越多的医生、科学家和公共卫生官员认为，多喝纯天然橙汁未必对健康有益。喝天然橙汁引发的肥胖现象，跟喝可乐等汽水以及糖精酒类饮品没什么差别。你大概想不到，一杯240mL的橙汁一般有100大卡左右的热量，比公认的"肥胖饮料"可乐还高一些。

● 橙汁罪状二：更易引起心脏病和糖尿病。

橙汁含有大量果糖。加利福尼亚大学科学家斯坦霍普指出，摄取大量果糖会增加患心脏病和 2 型糖尿病的概率，因为果糖比葡萄糖更容易被肝脏转化为脂肪。

● 橙汁罪状三：8 天就让你依赖甜饮品。

喝大量甜饮品的孩童长大后会偏爱甜食。荷兰一项 2004 年的研究发现，8 ～ 10 岁的孩童在连续 8 天饮用含糖分的橙汁后，更偏爱较甜的饮品。他们也因为习惯了橙汁的甜味而喝得更多。

● 橙汁罪状四：人工色素影响智商。

无论是果味饮料，还是低浓度橙汁饮料，都会使用人工色素。鲜艳的颜色会让消费者在观感上将饮料与水果联系起来，当果汁含量少到不足以让饮料有着缤纷的水果色彩时，廉价的人工色素是最好的选择。而人工色素对人体，尤其是儿童会造成一定伤害。

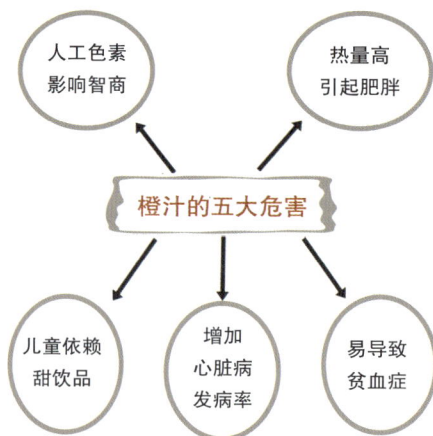

图 5-6　过量饮用橙汁饮料的危害

● 橙汁罪状五：橙汁会使人贫血。

果糖还会阻碍人体对铜的吸收。而铜的缺乏将会影响血红蛋白的生成，从而导致贫血。爱因斯坦医学中心对100多例贫血儿童进行回顾性调查发现，其中80%以上有饮用果汁的嗜好。

5.2.3 咖啡

"咖啡"（Coffee）一词源自埃塞俄比亚的一个名叫卡法（kaffa）的小镇，在阿拉伯语的意思是"力量与热情"。咖啡与茶叶、可可并称为世界三大饮料植物（图5-7）。咖啡，也称之为"珈琲"，在日本和我国台湾地区、香港地区等均有此叫法。咖啡树是属茜草科常绿小乔木，日常饮用的咖啡是用咖啡豆配合各种不同的烹煮器具制作

图5-7 咖啡

出来的，而咖啡豆就是指咖啡树果实里面的果仁，再用适当的方法烘焙而成，品尝起来是苦涩的味道。

5.2.3.1 咖啡的起源

世界上第一株咖啡树是在非洲之角发现的。当地土著部落经常把咖啡的果实磨碎，再把它与动物脂肪掺在一起揉捏，做成许多球状的丸子（图5-8）。这些土著部落的人将这些咖啡丸子当成珍贵的食物，专供那些即将出征的战士享用。

图5-8 咖啡豆

当时，人们不了解咖啡食用者表现出亢奋是怎么一回事——他们不知道这是由咖啡的刺激性引起的。相反，人们把这当成是咖啡食用者所表现出来的宗教狂热，觉得这种饮料非常神秘。它成了牧师和医生的专用品。

对于咖啡的起源有种种不同的传说故事。最普遍且为大众所乐道的是牧羊人的故事，传说有一位牧羊人，在牧羊的时候，偶然发现他的羊蹦蹦跳跳，仔细一看，原来羊是吃了一种红色的果子才导致举止滑稽怪异。他试着采了一些这种红果子回去熬煮，没想到满室芳香，熬成的汁液喝下以后更是精神振奋，神清气爽（图5-9）。从此，这种果实就被作为一种提神醒脑的饮料，且颇受好评。

图5-9 咖啡的起源：牧羊人的故事

古时候的阿拉伯人最早把咖啡豆晒干熬煮后，把汁液当作胃药来喝，认为有助于消化。后来发现咖啡还有提神醒脑的作用，同时由于伊斯兰教规严禁教徒饮酒，于是就用咖啡取代酒精饮料，作为提神的饮料而时常饮用。15世纪以后，到圣地麦加朝圣的穆斯林陆续将咖啡带回居住地，使咖啡渐渐流传到埃及、叙利亚、伊朗和土耳其等国。咖啡进入欧陆当归因于土耳其当时的奥斯曼帝国，由于嗜饮咖啡的鄂图曼大军西征欧陆且在当地驻扎数年之久，在大军最后撤离时，留下了包括咖啡豆在内的大批补给品，维也纳和巴黎的人们得以凭着这些咖啡豆和从土耳其人那里得到的烹制经验，而发展出欧洲的咖啡文化。战争原是攻占和毁灭，却意外地带来了文化的交流融合，这是统治者们所始料未及的。

5.2.3.2 咖啡的主要成分（表5-1）

（1）咖啡因

有特别强烈的苦味，刺激中枢神经系统、心脏和呼吸系统。适量的咖啡因亦可减轻肌肉疲劳，促进消化液分泌。它会促进肾脏机能，有利尿作用，帮助体内将多余的钠离子排出体外。但摄取过多会导致咖啡因中毒。

（2）丹宁酸

煮沸后的丹宁酸会分解成焦梧酸，所以冲泡过久的咖啡味道会变差。

（3）脂肪

其中最主要的是酸性脂肪和挥发性脂肪。酸性脂肪，即脂肪中含有酸，其强弱会因咖啡种类不同而异；挥发性脂肪，是咖啡香气的主要来源，它是一种会散发出约 40 种芳香的物质。

（4）蛋白质

卡路里的主要来源，所占比例并不高。咖啡末的蛋白质在煮咖啡时，多半不会溶出来，所以人体摄取到的有限。

（5）糖

咖啡生豆所含的糖分约为 8%，经过烘焙后大部分糖分会转化成焦糖，使咖啡形成褐色，并与丹宁酸互相结合产生甜味。

（6）纤维

生豆的纤维烘焙后会炭化，与焦糖互相结合便形成咖啡的色调。

（7）矿物质

含有少量石灰、铁质、磷、碳酸钠等。

表 5–1　　　　　每 100g 咖啡豆的营养成分表　　　（单位：mg）

水分	脂肪	纤维素	钙	铁	维生素 B_2	咖啡因
2200	16000	9000	120	42	120	1300
蛋白质	糖类	灰分	磷	钠	烟酸	单宁
12600	46700	4200	170	3	3.5	8000

5.2.3.3　喝咖啡的好处和坏处

（1）好处

● 咖啡含有一定的营养成分。咖啡豆含有糖类、蛋白质、脂肪、烟碱酸、钾、粗纤维等营养成分。

● 咖啡对皮肤有益处。使用咖啡粉洗澡是一种温热疗法，有减肥的作用。

● 咖啡可以促进代谢机能，活络消化器官。

● 咖啡有解酒的功能。酒后喝咖啡，将使由酒精转变而来的乙醛快速氧化，分解成水和二氧化碳而排出体外。

● 咖啡可以消除疲劳，并且预防胆结石。

● 常喝咖啡可防止放射线伤害。

● 咖啡可以改善便秘，咖啡可刺激肠胃激素或蠕动激素，产生通便作用，可当快速通便剂。

● 咖啡可以止痛，咖啡因添加到药品中时，可以加强某些止痛剂的效果。

● 咖啡含有天然抗氧化物，可以降低患肠癌或直肠癌的概率。

（2）坏处

● 咖啡可增加患心脏病的危险。

● 造成神经过敏。对于倾向焦虑失调的人而言，咖啡因会导致手心冒汗、心悸、耳鸣这些症状恶化。

● 咖啡可导致血压升高，促使血管壁收缩。

● 诱发骨质疏松。咖啡因本身具有很好的利尿效果，如果长期且大量喝咖啡，容易造成骨质流失，对骨量的保存会有不利的影响。

● 咖啡因能使胃酸增多，持续的高剂量摄入会导致消化性溃疡、糜烂性食道炎和胃食管反流病。

● 咖啡因还会降低妇女受孕的机会，增加流产的风险，阻缓胎儿的发育。

5.2.4 牛奶

牛奶是最古老的天然饮料之一，被誉为"白色血液"，对人体的重要性可想而知（图5-10）。牛奶顾名思义是从雌性奶牛身上所挤出来的。在不同国家，牛奶也分有不同的等级。目前最普遍的是全脂、低脂及脱脂牛奶。目前，市面上牛奶的添加物也相当多，如高钙低脂牛奶，其中就增添了钙质。

图 5-10 牛奶

5.2.4.1 牛奶的营养分析

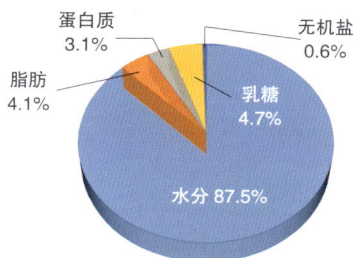

图 5-11 牛奶的化学成分含量

牛奶含有丰富的矿物质、钙、磷、铁、锌、铜、锰、钼（图5-11）。最难得的是，牛奶是人体钙的最佳来源，而且钙、磷比例非常适当，利于钙的吸收。牛奶种类复杂，至少有100多种，主要成分有水、脂肪、磷脂、蛋白质、乳糖、无机盐等。

5.2.4.2 牛奶的分类

（1）超高温消毒奶（又称常温奶）

超高温消毒奶是指在130～140℃，进行4～15s的瞬

104

间灭菌处理、完全破坏其中可生长的微生物和芽孢，并在无菌状态下灌装的牛奶。

- 优点：几乎不含细菌。由于添加了化学合成的鲜奶香精或奶油等高脂肪类物质，一般味道比较浓厚。

- 缺点：这种奶所采用的消毒方法不仅会破坏鲜奶中全部生物活性物质和大部分维生素，还会使容易被人吸收的钙离子与牛奶的酪蛋白结合，形成不易被人吸收的物质。

- 适宜人群：身体健康的中青年人。正在长身体的儿童和老年人需要补充足量的钙，所以尽量不饮此类奶。

- 贮存条件：保质期通常可达 6 ～ 9 个月，可在常温下长期保存，没有保存条件的限制，易于储存和携带。

- 包装标识：一般有塑料瓶、利乐砖、利乐枕等包装。

（2）巴氏消毒奶

巴氏消毒奶是指将奶加热到 75 ～ 80℃，进行 10 ～ 15s 的杀菌，瞬间杀死致病微生物，属非无菌灌装，但其细菌含量不会对健康造成威胁。

常温奶与巴氏鲜奶的区别如图 5–12 所示。

图 5–12　常温奶与巴氏鲜奶的区别

● 优点：口感、风味上较接近生鲜牛奶的水平，营养价值与生鲜牛奶差异不大，B 族维生素的损失仅为 10% 左右。

● 缺点：牛奶中的一些生物活性物质可能会失活。

● 适宜人群：所有对牛奶不过敏的人，当然有条件的婴幼儿还是饮配方奶最好。

● 贮存条件：保质期是 7 ～ 15 天，最长不超过 16 天，保存期短，对储存条件有要求，一般为 2 ～ 6℃。

● 包装标识：一般有塑料袋、玻璃瓶、新鲜屋等包装。

（3）生鲜牛奶

生鲜牛奶是指新挤出的未经杀菌的纯牛奶，其中含有溶菌酶等抗菌活性物质（图 5-13）。在许多发达国家，由于奶牛养殖及挤奶条件先进、规范，生鲜牛奶的细菌含量非常低，因此生鲜牛奶是最受消费者欢迎的。

● 优点：这种牛奶不需要加热，不仅营养丰富，而且保留了牛奶中的一些微量生理活性成分。

● 缺点：目前国内的奶牛养殖及挤奶条件尚需改进，故不提倡直接饮用。

图 5-13　生鲜牛奶

● 贮存时间：能够在 4 ℃下保存 24 ～ 36h。

（4）无抗奶

无抗奶，就是不含抗生素的牛奶，也就是用不含抗生素的原料奶生产出的牛奶。在欧美国家，早在20世纪50年代起就禁止销售含有抗生素的牛奶（即"有抗奶"）。但在国内因为养牛业生产水平比较低，奶制品卫生标准要求也比较低，直到目前仍没有这样的硬性指标。

● 特别提示：专家指出，国家标准中并没有明确规定"抗生素"指标，即便在原奶中检出抗生素，按照现行标准它依然是合格的乳品。而且，不存在所谓的"百分百无抗奶"。

● 包装标识：无抗奶这个名词已经被大部分人所认识，但它不会出现在牛奶的外包装上，因为它是牛奶出厂的指标之一，一般知名厂家出厂的牛奶都应该达到这个标准。

（4）风味牛奶

风味牛奶，即市场上种类繁多的"花色奶"，如巧克力奶、草莓奶、咖啡奶等，其配料除了牛奶外一般还含有水、甜味剂等。

● 特别提示：风味牛奶并不是真正意义上的牛奶，而只能称之为含乳饮料，其蛋白质含量一般在1%左右，与真正的牛奶营养成分相差悬殊。

● 包装标识：包装上应标有"饮料""饮品""含乳饮料"等字样。

（5）还原奶

还原奶是指把乳浓缩、干燥成为浓缩乳（炼乳）或乳粉，再添加适量水，制成与原乳中水、固体物比例相当的乳液，即由奶粉加工调制而成的牛奶。

● 特别提示：专家介绍，用奶粉兑水来还原成液态牛奶，虽然成本低廉，但是从营养成分上来说，远远不如以鲜奶为原料的巴氏消毒奶和常温奶。用奶粉还原成所谓的"还原奶"，本身就是一些牛奶生产企业在市场急剧膨胀而奶源不足时，想出来的一种蒙骗消费者的办法。

● 包装标识：产品包装上应标明为"复原乳"，或在配料表中注明"水、奶粉"。概念奶奶品解读：有"特浓奶""高钙奶""高锌奶""活性奶"等品种，是指在牛奶中添加脂肪或钙、铁、锌等微量元素的牛奶。

牛奶的分类如图 5-14 所示。

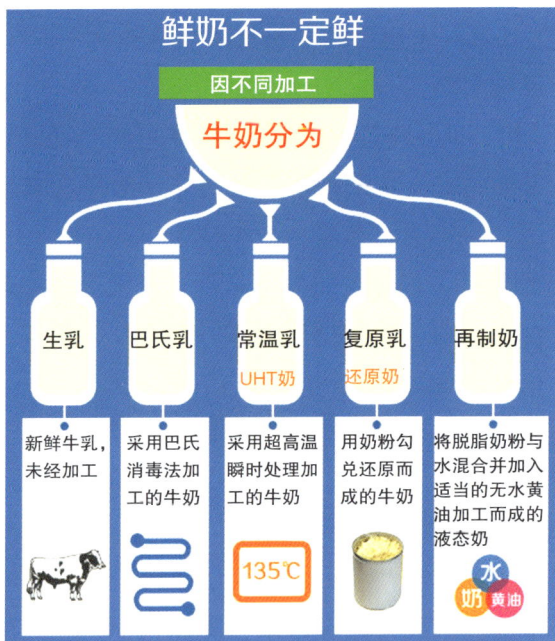

图 5-14　牛奶的分类

5.2.4.3 喝牛奶的益处

● 牛奶中的钾可使动脉血管在高压时保持稳定，减少中风风险。

● 牛奶中的酪氨酸能促进血清素大量增长。

● 牛奶中的铁铜和卵磷脂能大大提高大脑的工作效率。

● 牛奶中的镁能使心脏耐疲劳。

● 牛奶中的锌能使伤口更快愈合，促进生长发育。

● 牛奶中的维生素 B 能提高视力。

● 常喝牛奶能预防动脉硬化。

● 睡前喝牛奶能帮助睡眠。

● 牛奶含有钙、维生素、乳铁蛋白和共轭亚油酸等多种抗癌因子，有抗癌、防癌的作用。

● 牛奶中富含维生素 A，可以防止皮肤干燥及暗沉。牛奶还能为皮肤提供封闭性油脂，形成薄膜以防止皮肤水分蒸发，还能暂时提供水分，可保证皮肤的光滑润泽。

● 牛奶中的一些物质对中老年男子有保护作用，喝牛奶的男子身材往往比较苗条，体力充沛，高血压的患病率也较低，脑血管病的发生率也较少。

● 牛奶中的钙最容易被吸收，而且磷、钾、镁等多种矿物搭配也十分合理，孕妇应多喝牛奶，绝经期前后的中年妇女常喝牛奶可减缓骨质流失。

● 牛奶中含有丰富的钙、维生素 D 等，包括人体生长发育所需的全部氨基酸，消化率可高达 98%，是其他食物无法比拟的。

5.2.4.4　牛奶的饮用知识

（1）适合人群

一般人群均可饮用。脱脂奶适合老年人、血压偏高的人群。高钙奶适合中等及严重缺钙的少儿、老年人、易怒、失眠以及工作压力大的人（图5-15）。

图5-15　儿童应多喝牛奶

● 牛奶有助于睡眠，适合高压力人群。高考生、加班人群，可睡前喝一杯。

● 胃不好的人群，也可作为用餐时的辅助，与粥类同煮，既健康又营养。

● 牛奶减肥：①早晨喝一杯纯净水再加一杯牛奶；②中午照常吃饭，但不能吃太饱；③晚上喝杯牛奶，适当吃些黄瓜。尽量管住自己不吃别的食物，特别是甜食。

（2）少饮或不适宜人群

● 经常接触铅的人：牛奶中的乳糖可促使铅在人体内吸收积蓄，容易引起铅中毒，因此，经常接触铅的人不宜饮用牛奶，可以改饮酸牛奶，因为酸牛奶中乳糖极少，多已变成了乳酸。

● 乳糖不耐受者：有些人的体内严重缺乏乳糖酶，因而使摄入人体内的牛奶中的乳糖无法转化为半乳糖和葡萄糖供小肠吸收利用，而是直接进入大肠，使肠腔渗透压升高，使大肠黏膜吸入大量水分，此外，乳糖在肠内经细菌发酵可产生乳酸，使肠道 pH 值下降到 6 以下，从而刺激大肠，造成腹胀、腹痛、排气和腹泻等症状（90% 的华人有乳糖不耐症）。乳糖不耐受症人群服用牛奶要控制好用量，一般 200mL 之内没问题，但个别只能喝很少的牛奶甚至完全不能喝牛奶，否则会引起胃胀和腹泻。

● 牛奶过敏者：有人喝牛奶后会出现腹痛、腹泻等症状，个别严重过敏的人，甚至会出现鼻炎、哮喘或荨麻疹等。

● 返流性食管炎患者：牛奶有降低下食管括约肌压力的作用，从而增加胃液或肠液的返流，加重食管炎。

● 腹腔和胃切除手术后的患者：病人体内的乳酸酶会受到影响而减少，饮奶后，乳糖不能分解就会在体内发酵，产生水、乳酸及大量二氧化碳，使病人腹胀。腹腔手术时，肠管长时间暴露于空气中，肠系膜被牵拉，使术后肠蠕动的恢复延迟，肠腔内因吞咽或发酵而产生的气体不能及时排出，会加重腹胀，可发生腹痛、腹内压力增加，甚至发生缝合处胀裂，腹壁刀口裂开。胃切除手术后，由于手术后残留下来的胃囊很小，含乳糖的牛奶会迅速地涌入小肠，使原来已不足或缺乏的乳糖酶更加不足或缺乏。

● 肠道易激综合征患者：这是一种常见的肠道功能性疾病，特点是肠道肌肉运动功能和肠道黏膜分泌黏液对刺激的生理反应失常，而无任何肠道结构上的病损，症状主要与精神因素、食物过敏有关，其中包括对牛奶及其制品的过敏。

● 缺铁性贫血、乳糖酸缺乏症、胆囊炎、胰腺炎患者不宜饮用；脾胃虚寒作泻、痰湿积饮者慎服。

（3）喝牛奶的注意事项

● 空腹不宜喝牛奶。由于空腹喝进去的牛奶不能充分酶解，很快会将蛋白质转化为能量消耗，营养成分不能得到很好的消化吸收，还会出现腹痛腹泻的情况。

● 不要喝冰冻牛奶。冰冻后，其中的脂肪、蛋白质分离，味道明显减弱，营养成分不易被吸收。

5.2.5 茶饮料

茶饮料是指用水浸泡茶叶，经抽提、过滤、澄清等工艺制成的茶汤或在茶汤中加入水、糖液、酸味剂、食用香精、果汁或植（谷）物抽提液等调制加工而成的制品（图5-16）。茶饮料以茶叶的萃取液、茶粉、浓缩液为主要原料加工而成，具有茶叶的独特风味，含有天然茶多酚、咖啡碱等茶叶有效成分，兼有营养、保健功效，是清凉解渴的多功能饮料。

图5-16 茶

（1）茶饮料的分类

茶饮料按其原辅料不同分为茶汤饮料和调味茶饮料（图5-17、图5-18），茶汤饮料又分为天然型和发酵型茶饮料，其中天然型又分为浓茶型和淡茶型；调味茶饮料还可分为果味茶饮料、果汁茶饮料、碳酸茶饮料、奶味茶饮料及其他茶饮料。

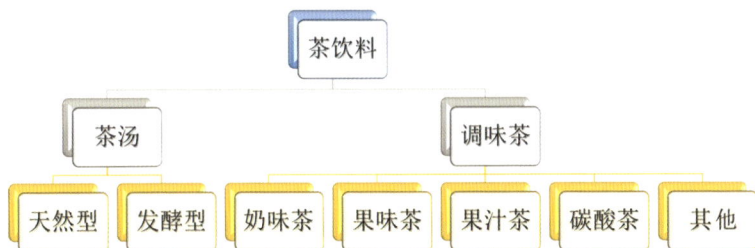

图 5-17　茶饮料的分类

图 5-18　几种典型的茶饮料

按中国软饮料的分类国家标准和有关规定，茶汤饮料是指以茶叶的水提取液或其浓缩液、速溶茶粉为原料，经加工制成的，保持原茶类应有风味的茶饮料。果汁茶饮料是指在茶汤中加入水、原果汁（或浓缩果汁）、糖液、酸味剂等调制而成的制品，成品中原果汁含量不低于5%。果味茶饮料是指在茶汤中加入水、食用香精、糖液、酸味剂等调制而成的制品；碳酸茶饮料是指在茶汤中加入水、糖液等经调味后充入二氧化碳的制品；奶味茶饮料是指在茶汤中加入水、鲜乳或乳制品、糖液等调制而成的茶饮料。

消费者在选购茶饮料时最好到正规渠道购买知名品牌的、有 QS 标志的产品。注意产品的标签标识，茶饮料的标签应标明产品名称、产品类型、净含量、配料表、制造者（或经销者）的名称和地址、产品标准号、生产日期、保质期。花茶应标明茶坯类型；淡茶型应标明"淡茶型"；果汁茶饮料应标明果汁含量；奶味茶饮料应标明蛋白质含量。

（2）饮茶的功效

世界卫生组织调查了许多国家的饮料优劣情况，最终认为：茶为中老年人的最佳饮料。据科学测定，茶叶含有蛋白质、脂肪、10 多种维生素，还有茶多酚、咖啡碱和脂多糖等近 300 种成分，具有调节生理功能，发挥多方面的保健和药理作用。茶具有防止人体内固醇升高，防治心肌梗死的作用，茶多酚还能清除机体过量的自由基，抑制和杀死病原菌。此外，一般茶还有提神、消除疲劳、抗菌等作用。敦煌罗布麻茶有安神、提高免疫、活化血液、延年益寿的功效，这对健康人体来说是需要的。茶饮料还可以净化水质，减少放射性物质对人体的伤害。因此，在当前自然环境污染严重的情况下，特别是在城市居住的人们，更应经常喝点茶。

饮茶的好处很多，概括起来有 11 条：

● 茶一般能使人精神振奋，增强思维和记忆能力。

● 茶能消除疲劳，促进新陈代谢，并有维持心脏、血管、胃肠等正常机能的作用。

● 饮茶对预防龋齿有很大好处。据英国的一次调查表明，儿童经常饮茶龋齿可减少60%。

● 茶叶有抑制恶性肿瘤的作用，饮茶能明显地抑制癌细胞的生长。

● 饮茶能抑制细胞衰老，使人延年益寿。茶叶的抗老化作用是维生素 E 的 18 倍以上。

● 饮茶有延缓和防止血管内膜脂质斑块形成，防止动脉硬化、高血压和脑血栓的作用。

● 饮茶有良好的减肥和美容效果，特别是乌龙茶对此效果尤为明显。

● 茶叶所含鞣酸能杀灭多种细菌，故能防治口腔炎、咽喉炎，以及夏季易发生的肠炎、痢疾等。

● 饮茶能保护人的造血机能。茶叶中含有防辐射物质，边看电视边喝茶，能减少电视辐射的危害，并能保护视力。

● 防暑降温。饮热茶 9 分钟后，皮肤温度下降 1 ～ 2℃，使人感到凉爽和干燥，而饮冷饮后皮肤温度下降不明显，尤其罗布麻茶可以清凉泻火，固气润肺。

● 解酒护肝。

（3）饮茶的注意事项

老年人饮茶不宜太浓、太多，要适量，否则会对健康不利，特别在临睡前要避免饮浓茶，以免带来失眠，增加夜间尿量，妨碍睡眠。

一般来说，喝茶的最佳时间是在饭后一小时。倘若吃完饭后立即喝茶，时间长了容易诱发贫血，而等到饭后一小时，食物中的铁质已经基本被吸收完，这时候喝茶就不会影响铁的吸收了。如果在早上和中午喝茶，有提神醒脑的作用。忌饭前饮茶，茶水会冲淡胃酸；忌饭后马上饮茶，茶中的鞣酸会影响消化；忌用茶水服药，茶中鞣酸会影响药效；忌酒后饮茶，酒后饮茶伤肾；忌饮浓茶，咖啡因使人上瘾中毒。

泡茶时不宜用高温沸水，茶中的某些成分遇高温后极易被破坏，更不能煎煮，一般用 80 ～ 90℃的开水为宜。

茶水搁置过久，容易被微生物污染，茶水内的复杂成分易发生变化，如氧化、胺类物质增加等，这对身体是有害的，因此最好不要喝隔夜茶。

服铁剂、强心苷、盐酸麻黄素、磷酸可待因、安眠药等，勿以茶水吞服，因茶叶中有些成分能与重金属和生物碱结合沉淀，使药物失去原来的疗效。

（4）茶饮料与现泡茶的区别

● 茶饮料营养成分远少于现泡茶。

目前的茶饮料多是经特殊工艺制成的茶汁浓液或干的茶粉与其他必要添加物配制而成的，茶粉或茶汁虽然提取自绿茶本身，但并不具备茶所含有的所有营养成分，况且饮料中的香味剂和保鲜剂的使用，使得茶饮料在保健功能方面无法与直接冲饮的茶相比。茶饮料受欢迎是因为它迎合了一部分人的口味，饮料中带有绿茶的特殊清香。至于营养成分，是无法与直接冲饮的茶相比的，所以认为常饮茶饮料就能获得饮茶的多种保健功能是不科学的。

● 茶饮料中有现泡茶没有的有害成分。

茶饮料含有单宁，单宁会降低胃肠内营养素的消化吸收，尤其是铁的吸收，常喝含茶饮料，容易降低铁的吸收，造成缺铁性贫血，特别是对少女会更严重。若是奶茶类，奶茶中的"奶"有全脂奶、脱脂奶或奶精，其中奶精并非奶类，是由椰子油、麦芽糊精及香料等制成的，含有高量的饱和脂肪，会增加血胆固醇，危害心脏血管。

饮料都有防腐剂、色素，这是市场竞争的必然结果。发展到现在，饮料中的防腐剂和色素对人体的危害并不明显。

5.2.6　运动饮料

运动饮料是根据运动时生理消耗的特点而配制的，可以有针对性地补充运动时丢失的营养，起到保持、提高运动能力，加速运动后疲劳消除的作用（图5-19）。

图 5-19　运动饮料

5.2.6.1　运动饮料特点（图 5-20）

（1）一定的糖含量

由于运动引起肌糖原的大量消耗，而肌肉又加大对血糖的摄取，因此引起血糖下降，若不能及时补充，工作肌肉会因此而乏力。另一方面因大脑90%以上的供能来自血糖，血糖的下降将会使大脑对运动的调节能力减弱，并产生疲劳感。

（2）适当的维生素

由于运动会消耗大量的体能和维生素，因此饮料中含有丰富的维生素是对运动后身体的很好补充。尤其是维生素

B_{12}，蔬菜中含量很少，主要存在于动物性食物中。它因含有钴而呈红色，又称为红色维生素。它很难直接被人体吸收，与钙结合，才能有利于人体的机能活动。

（3）适量的电解质

运动引起出汗导致钾、钠等电解质大量丢失，从而引起身体乏力，甚至抽筋，导致运动能力下降。而饮料中的钠、钾不仅用于补充汗液中丢失的钠、钾，还有助于水在血管中的停留，使机体得到更充足的水分。如果饮料中的电解质含量太低，则起不到补充的效果；若太高，则会增加饮料的渗透压，引起胃肠不适，并使饮料中的水分不能尽快被机体吸收。

（4）无碳酸气、无咖啡因、无酒精

碳酸气会引起胃部的胀气和不适；咖啡因有一定的利尿作用，会加重水的丢失，而运动本身就要损失大量的水和电解质；此外咖啡因和酒精还对中枢神经有刺激作用，不利于运动后的恢复，故而不推荐运动后饮用含咖啡因的饮料。

运动饮料的主要成分及作用

碳水化合物：糖类，是人体热能最主要的来源。

热量：用于维持人的基础代谢，弥补人因运动和生活而消耗的能量，因而是不可或缺的。

钠、钾：体液成分中有一部分就是以氯化钾、氯化钠、氯化镁等形式出现的电解质。

图 5-20　运动饮料的主要成分及作用

5.2.6.2 喝运动饮料的原因

夏天气温升高，大部分地区日平均气温都在35℃以上，再加上剧烈的运动，人体内会产生大量的热量，机体主要通过排汗以达到散热的目的。汗液的主要成分是水，还含有少量的钾、钠、钙、镁等无机盐。在体内水分流失较多的情况下，如果不及时进行补充就会引起水分不足，而水分不足会使体内温度升高，加重心血管系统的工作负担，妨碍体温调节，降低运动能力。同时钠离子和氯离子的流失，会影响人体适时调节体液和温度等生理变化，这个时候，光是喝水解决不了问题，因为水是低渗透压的，大量饮用会稀释血液中的电解质，而体内电解质不平衡就会导致衰竭的症状，出现头晕、恶心、全身无力，医学上也称为水中毒。

出汗后适合饮用的是含糖量5%以下，并含有钾、钠、钙、镁等无机盐的碱性饮料。一般运动饮料中水分含量在90%左右，糖分含量为8%～12%，无机盐含量为1.6%左右，维生素的含量为0.2%左右。这些成分与人体体液相似，饮用后能更迅速地被身体吸收，及时补充人体因大量运动出汗所损失的水分和电解质（即盐分），使体液达到平衡状态。在补充人体机能的同时，还有助于细胞维持有氧氧化，即使在大运动量时也会减少乳酸产生，减轻运动时人体的心脏负担，对运动中的能量供给和运动后的体力恢复都大有好处。

5.2.6.3 运动饮料的不适宜人群

（1）高血压患者不宜多饮运动饮料

轻松的运动本身对健康确实有益，但患有高血压的人运动后饮用运动饮料会使血压升高。因为高血压病人必须限制食盐的摄入量，食盐中含有致使血压上升的钠，运动饮料含钠量较高，高血压患者饮之会使血压升得更高。运动饮料对正常人和低血压者不会有问题，而高血压患者在运动中不加选择地饮用运动饮料，极容易诱发中风。所以，高血压患者不宜多饮运动饮料。

（2）无剧烈运动不宜多饮运动饮料

在没有运动或大量流汗的情况下，是不适宜饮用运动饮料的。因为这类饮料中含有钾、钠、钙、镁等电解质，如果人体没有损失过多的电解质，饮用运动饮料就会摄入过多的电解质，需要由水分将他们排出到体外。对于一个肾脏机能正常的人来说，这不是问题；但当肾脏功能异常时，就会加大肾脏的负担，容易造成钠等成分的滞留，引起水肿。

（3）糖尿病人不宜饮运动饮料

运动饮料含有丰富的纤维型葡萄糖，饮用后会引起短暂的血糖升高现象，糖尿病人控制血糖升高的能力弱，对身体不好，应减量饮用或不饮用。

（4）运动过于剧烈的人不可以立即饮用运动饮料

首先运动过于剧烈立刻饮用液体都是不好的，假若是冷的液体，对胃伤害很大，因为热胀冷缩原理，剧烈运动后胃轻微扩张，遇冷急剧收缩。另外运动过于剧烈身体尚未平复，立即饮用也是不妥的。

（5）小孩不宜饮运动饮料

5.2.7　啤酒

啤酒是人类最古老的酒精饮料，是水和茶之后世界上消耗量排名第三的饮料（图5-21）。啤酒于20世纪初传入中国，属外来酒种。啤酒是根据英语"Beer"译成中文"啤"，称其为"啤酒"，沿用至今。

啤酒是以大麦芽、酒花、水为主要原料，经酵母发酵作用酿制而成的饱含二氧化碳的低酒精度酒，被称为"液体面包"，是一种低浓度酒精饮料。啤酒乙醇含量最少，故喝啤酒

图 5-21　啤酒

不但不易醉人伤人，少量饮用反而对身体健康有益处。现在国际上的啤酒大部分添加辅助原料。有的国家规定辅助原料的用量总计不超过麦芽用量的50%。在德国，除出口啤酒外，国内销售的啤酒一概不使用辅助原料。在2009年，亚洲的啤酒产量约586.7亿L，首次超越欧洲，成为全球最大的啤酒生产地。

5.2.7.1　啤酒的原料（图 5-22）

（1）大麦

适于啤酒酿造用的大麦为二棱或六棱大麦。二棱大麦的

浸出率高，溶解度较好，六棱大麦的农业单产较高，活力强，但浸出率较低，麦芽溶解度不太稳定。啤酒用大麦的品质要求为：壳皮成分少，淀粉含量高，蛋白质含量适中（9%～12%），淡黄色，有光泽，水分含量低于13%，发芽率在95%以上。

图 5-22　啤酒的原料

（2）酿造用水

在通常情况下，软水适于酿造淡色啤酒，碳酸盐含量高的硬水适于酿制浓色啤酒。

（3）酒花

酒花，又称啤酒花。使啤酒具有独特的苦味和香气并有防腐和澄清麦芽汁的能力。酒花始用于德国，学名为蛇麻，为大麻科葎草属多年生蔓性草本植物，中国人工栽培酒花的历史已有半个世纪，始于东北，在新疆、甘肃、内蒙古、黑龙江、辽宁等地都建立了较大的酒花原料基地。成熟的新鲜酒花经干燥压榨，以整酒花使用，或粉碎压制颗粒后密封包装，也可制成酒花浸膏，然后在低温仓库中保存。其有效成分为酒花树脂和酒花油。每 KI 啤酒的酒花用量为 1.4 ～ 2.4kg。

（4）**酵母**

酵母是用以进行啤酒发酵的微生物。啤酒酵母又分上面发酵酵母和下面发酵酵母。啤酒工厂为了确保酵母的纯度，进行以单细胞培养法为起点的纯粹培养。为了避免野生酵母和细菌的污染，必须严格要求啤酒工厂的清洗灭菌工作。

（5）**玉米**

玉米淀粉的性质与大麦淀粉大致相同。但玉米胚芽含油质较多，影响啤酒的泡持性和风味。除去胚芽，就能除去大部分的玉米油。脱胚玉米的脂肪含量不应超过 1%。以玉米为辅助原料酿造的啤酒，口味醇厚。玉米为国际上用量最多的辅助原料。

（6）**糖类**

大多在产糖地区应用，一般使用量为原料的 10% ～ 20%。添加的种类主要有蔗糖、葡萄糖、转化糖、糖浆等。

（7）**小麦**

德国的白啤酒以小麦芽为主原料，比利时的兰比克啤酒是用大麦芽配以小麦为辅料酿造具有地方特色的上面发酵啤酒。小麦品种有硬质小麦和软质小麦，啤酒工业宜采用软质小麦。

（8）**大米**

淀粉含量高，浸出率也高，含油质较少。但大米淀粉的糊化温度比玉米高。以大米为辅助原料酿造的啤酒色泽浅，口味清爽。大米是中国用量最多的辅助原料。

5.2.7.2 啤酒的分类

（1）根据麦芽汁浓度分类

啤酒分为低浓度型、中浓度型和高浓度型。

● 低浓度型：麦芽汁浓度在 $6° \sim 8°$（巴林糖度计），酒精度为 2% 左右，夏季可做清凉饮料，缺点是稳定性差，保存时间较短。

● 中浓度型：麦芽汁浓度在 $10° \sim 12°$，以 $12°$ 为普遍，酒精含量在 3.5% 左右，是我国啤酒生产的主要品种。

● 高浓度型：麦芽汁浓度在 $14° \sim 20°$，酒精含量为 $4\% \sim 5\%$。这种啤酒生产周期长，含固形物较多，稳定性好，适于贮存和远途运输。

（2）根据啤酒色泽分类

啤酒分为黄啤酒、黑啤酒。

● 黄啤酒（淡色啤酒）：呈淡黄色，采用短麦芽做原料，酒花香气突出，口味清爽，是我国啤酒生产的大宗产品。其色度（以 0.0011 摩尔碘液毫升数 /100mL 表示）一般保持在 0.5mL 的碘液以内。

● 黑啤酒（浓色啤酒）：色泽呈深红褐色或黑褐色，是用高温烘烤的麦芽酿造的，含固形物较多，麦芽汁浓度大，发酵度较低，味醇厚，麦芽香气明显。其色度一般为 $5 \sim 15mL$ 的碘液。

（3）按除菌方式的不同分类

啤酒分为熟啤、生啤。

● 熟啤：在瓶装或罐装后经过巴氏消毒，比较稳定的啤酒。

● 生啤：不经巴氏灭菌或瞬时高温灭菌，而采用过滤等物理方法除菌，达到一定生物稳定性的啤酒。

（4）其他啤酒种类

● 干啤酒：该啤酒的发酵度高，残糖低，二氧化碳含量高。具有口味干爽、杀口力强的特点。

● 冰啤酒：将啤酒冷却至冰点，使啤酒出现微小冰晶，然后经过过滤，将冰晶滤除后得到的啤酒。

● 全麦芽啤酒：遵循德国的纯粹酿造法，原料全部采用麦芽，不添加任何辅料，麦芽香味突出。

● 小麦啤酒：以小麦芽为主要原料（占总原料的40%以上），采用上面发酵法或下面发酵法酿制的啤酒。

● 低（无）醇啤酒：酒精含量少于2.5%（V/V）的啤酒为低醇啤酒，酒精含量少于0.5%（V/V）的啤酒为无醇啤酒。

● 绿啤酒：啤酒中加入天然螺旋藻提取液，富含氨基酸和微量元素，啤酒呈绿色。

● 暖啤酒：属于啤酒的后调味。后酵中加入姜汁或枸杞，有预防感冒和胃寒的作用。

5.2.7.3　喝啤酒的好处和坏处

（1）好处

● 含二氧化碳，饮用时有清凉舒适感，促进食欲。

● 啤酒花含有蛋白质、维生素、挥发油、苦味素、树脂等，具有强心、健胃、利尿、镇痛等功效，对高血压病、心脏病及结核病等均有较好的辅助疗效。产妇喝啤酒，可以增加母体乳汁，使婴儿得到更充分的营养。

● 啤酒是夏秋季防暑降温解渴止汗的清凉饮料，据医学和饮料专家们研究，啤酒含有 4% 的酒精，能促进血液循环。

（2）坏处

● 啤酒肚。啤酒营养含量较高，同时也是一种高热量的食品。经常饮用较多的啤酒可以使人长膘，体内脂肪含量急剧上升，堆积在肠道或腹部造成"啤酒肚"（图 5-23）。

图 5-23　啤酒肚

● 铅中毒。在啤酒的酿造原料中通常会有铅的存在，人体过多饮用含铅的啤酒导致血液中铅含量超标，从而影响人的智力，令人反应迟钝，可大大增加患老年痴呆症的概率，铅严重超标时会损害人体的生殖能力。

● 痛风和结石。有关研究证明，大量饮用啤酒会引起泌尿系统结石、萎缩性胃炎等疾病复发或病情加重。酿造啤酒的原料大麦芽汁中含有草酸、乌核苷酸、嘌呤核苷酸和钙。它们相互作用会使得尿酸的含量在人体中增加一倍多，会促进胆肾结石的形成，也会引起痛风症。

● 癌症。美国癌症专家研究表明，经常大量饮用啤酒的人群患食道癌和口腔癌的概率要比一般喝烈酒的人高 3 倍。如果过量饮用啤酒也会损害到人体的反应机能。

● 胃肠炎。胃黏膜会在大量饮用啤酒后受损，出现消化性溃疡和胃炎。常常出现腹胀、反酸、食欲不振、上腹不适等症状。

● 啤酒心。喝啤酒会使心肌功能减弱，引起心动过速；加上过量液体使血循环量增多而增加心脏负担，致使心肌肥厚、心室体积扩大、心脏增大，形成"啤酒心"。长此以往可致心力衰竭、心律失常等。

● 酒精性脑病。小脑失去平衡作用，使人出现走路不稳、幻听幻视等症状。此时，病人的生命已很危险，肝脏失去解毒功能，100% 肝硬化。

● 啤酒过敏、喘鸣以及口唇麻木、刺痛等症状。这是一种由啤酒引起的过敏反应，近些年来出现了发病率增高的趋势。由于很多人不知道啤酒也可能导致过敏，一些缺乏经验的医生面对啤酒过敏也不知所措。

5.2.8 几种常见饮料的比较

比较以上 7 种常见饮料所富含的营养成分及可能对人体产生的危害，我们可以发现（图 5-24）：

以可乐为代表的碳酸型饮料富含的营养成分比较低，并且含有许多诸如磷酸、咖啡因等的有害成分，长期饮用会影响人体对钙的吸收并且容易上瘾，应该尽量减少饮用。

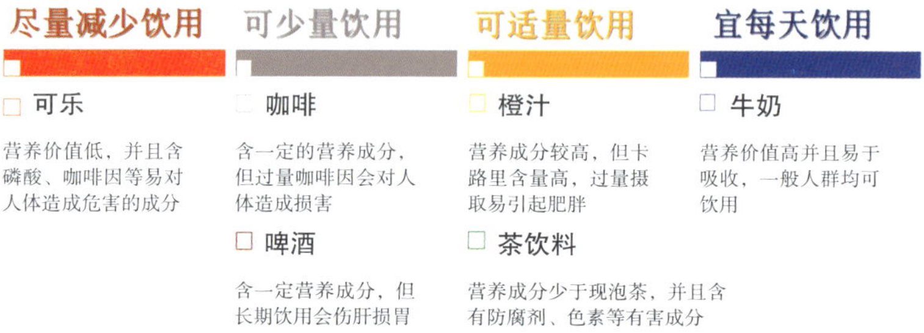

尽量减少饮用	可少量饮用	可适量饮用	宜每天饮用
☐ 可乐	☐ 咖啡	☐ 橙汁	☐ 牛奶
营养价值低，并且含磷酸、咖啡因等易对人体造成危害的成分	含一定的营养成分，但过量咖啡因会对人体造成损害	营养成分较高，但卡路里含量高，过量摄取易引起肥胖	营养价值高并且易于吸收，一般人群均可饮用
	☐ 啤酒	☐ 茶饮料	
	含一定营养成分，但长期饮用会伤肝损胃	营养成分少于现泡茶，并且含有防腐剂、色素等有害成分	

图 5-24　几种常见饮料的对比

咖啡与啤酒类型的饮品口感佳，是很多人群钟爱的饮料，但是它们的营养成分也相对有限，都不宜过量饮用。过量饮用咖啡会引起窦性心动过速和室性早搏、血压升高、夜间失眠；而过量饮用啤酒易出现肝硬化、啤酒心等问题，更会增加癌症的发病率。

橙汁与茶饮料属于营养成分相对较高的饮品。但是茶饮料的营养成分远少于现泡茶并且含有防腐剂等易对人体造成危害的成分，使得其营养价值大打折扣；而橙汁的卡路里含量高，并且多添加有人工色素，过量的摄取易引起肥胖等问题。

运动饮料这类的特殊饮品只适宜于在大量运动后及时补充人体机能所用，在没有剧烈运动的情况下不宜大量饮用，否则易出现血压升高、心脏过负荷等问题。

牛奶是人体钙的最佳来源并且易于吸收，它是营养价值极高的饮品，适宜大多数人群每天饮用。

5.3　中国饮料行业存在的问题

5.3.1　食品添加剂含量超标

食品添加剂是为改善食品色、香、味等品质，以及防腐和加工工艺的需要而加入食品中的化合物质或者天然物质。目前，我国食品添加剂有 23 个类别，2000 多个品种，包括酸度调节剂、抗结剂、消泡剂、抗氧化剂、漂白剂、膨松剂、着色剂、护色剂、酶制剂、增味剂、营养强化剂、防腐剂、甜味剂、增稠剂、香料等。人们长期食用食品添加剂含量超标的食品会对身体造成危害。

食品添加剂在我国的发展还处于初级阶段，其立法力度的发展相对落后，近年来随着食品安全法的颁布和食品安全问题时有发生人们才对此日益关注。但人们对食品添加剂的认识不完善，存在片面性理解。很多不法商贩在食品添加剂法律不完善上钻空子。有的商贩乱添加食品添加剂，导致食品添加剂的量严重超过标准所允许的范围。还有一些小的加工厂，所雇用的工人大多是那些非食品专业的人员，对食品添加剂本身性质的理解存在偏差，以为食品添加剂就是万能的，因而错误地认为食品添加剂加多了能起到更好的效果（图 5-25）。

5.3.2　饮品包装材料的问题

我国的食品包装材料的发展较为落后，其生产技术和工

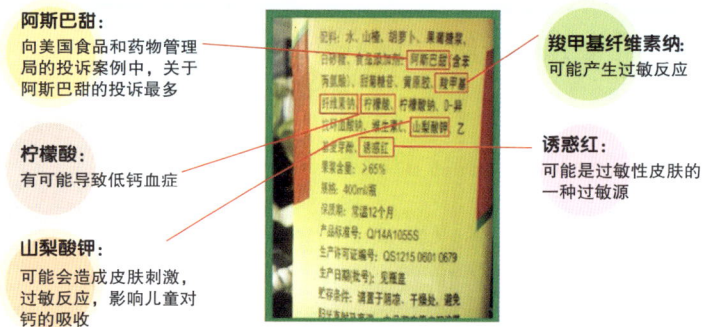

阿斯巴甜：
向美国食品和药物管理局的投诉案例中，关于阿斯巴甜的投诉最多

柠檬酸：
有可能导致低钙血症

山梨酸钾：
可能会造成皮肤刺激，过敏反应，影响儿童对钙的吸收

羧甲基纤维素钠：
可能产生过敏反应

诱惑红：
可能是过敏性皮肤的一种过敏源

图 5-25　某款果汁饮料配料表分析

艺还不够完善。如一些包装材料由化学物质所聚合而成，如果其合成材料性质不稳定，其中某些有毒和有害的小分子物质游离到食品中去，将导致食品安全事件的发生。

纸质包装材料在食品行业被广泛应用。纯净的纸无害、无毒，但生产包装纸的原材料容易受到污染并且在加工处理中纸和纸板中通常会有一些杂质、细菌和某些化学残留物。

金属包装材料具有优良的阻隔性能和机械性能，表面装饰性能好，废弃物处理性能好。但其化学稳定性差，特别是包装酸性液体时金属离子易析出而影响食品风味。

合成橡胶主要来源于石油化工原料，种类较多，是由单体经过各种工序聚合而成的高分子化合物，游离小分子对人体有害。

5.3.3　营养成分不足、微生物含量超标

我国饮料生产企业众多，技术水平和生产实力相差悬殊，使饮料市场鱼龙混杂、良莠不齐，从而出现产品质量方面的

问题（图 5-26）。

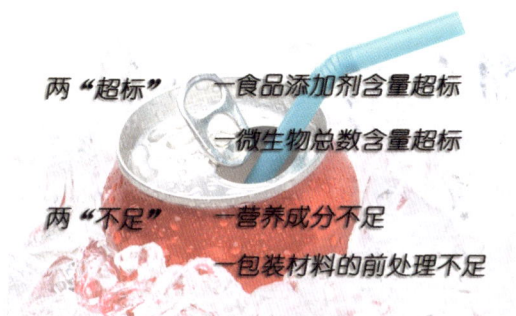

图 5-26　中国饮料行业存在的主要问题

（1）营养成分不足

现今许多饮料生产企业只注重产品的风味和卖相，大量使用食品添加剂，而忽视了营养成分的问题。果汁类饮料中纯果汁比例小、茶饮料中咖啡因与茶多酚等含量严重不足、标榜鲜奶的乳制品其实是由还原奶勾兑而成等问题层出不穷，造成饮料失去了原本应有的许多营养价值。

（2）微生物含量超标

很多饮料生产企业为节约生产成本，在产品的加工过程中偷工减料，特别是消毒灭菌的过程做得很不到位，导致部分市面上的饮料中微生物总数含量严重超标。人们长期饮用这一类问题饮品会危害到身体健康。

第 6 章

我们用的水去哪了？

6.1 水在人体中的循环

水是除空气之外最重要的物质，对维持人体健康至关重要。水是人类生命的第一要素，是人体七大营养素（水、蛋白质、脂肪、碳水化合物、矿物质、维生素、纤维素）之首。水同时是最佳的溶剂，它在人体内携带着许许多多溶解或悬浮的宝贵营养物质，滋养着人体的健康。人体内的水分流经所有的血管和细微的管道，冲击着每个细胞壁，注满每个细胞，人体任何部分缺了它，就将无法运转。没有食物，我们就可以存活 2～3 周，而没有水，我们几天后就会死于脱水。

6.1.1 人体中水的含量和作用

水是人体的主要组成部分，占成人体重的 60%，是人体体液的主要成分。在人体组织中，水占大脑的 75%，心脏的 79%，肺的 79%，肝的 68%，肌肉的 76%，血液的 90%，骨骼的 22%（图 6-1）。人体内大约有 4000mL 的水，每天人体内约有 2500mL 的水以汗液和尿液等方式排出，需要靠饮水和食物补充。

水参与人体内新陈代谢的全过程，水的溶解力甚强，并有较大的电离能力，可使人体内的水溶物质以溶解状态和电解质离子状态存在；又由于水具有较大的流动性，在人体消化、吸收、循环、排泄过程中可加速协助营养物质的运送和废物的排泄，使人体内的新陈代谢和生理化学反应得以顺利进行。水还将血液的 pH 值维持在中性或者偏碱性。人体中的水可以调节体温,促进新陈代谢,输送营养物质,排出废物。同时,水也参加化学反应,与蛋白质、糖、磷脂结合,发挥复杂的生理作用。由此可见,水是人体内含量最多的成分。人体内的水每5～13天更新一次,如果占人体比重70%的水分是洁净的,那么人体内的细胞也就有了健康清新的环境。健康、洁净的水可使人体免疫能力增强,有利于细胞的新陈代谢。如果人体减少水分10%便会引起疾病,只要失掉15%的水,生命就有危险,减少20%～22%就要死亡。

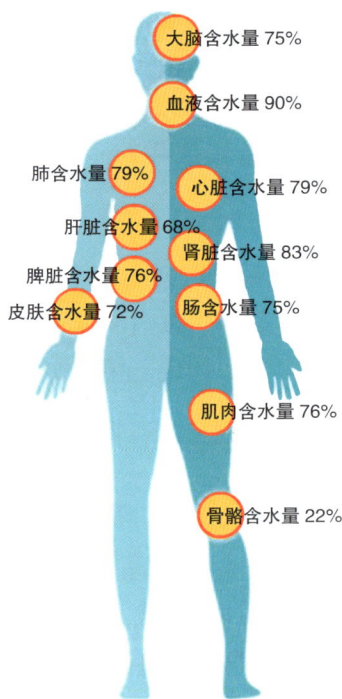

大脑含水量 75%

血液含水量 90%

肺含水量 79%

心脏含水量 79%

肝脏含水量 68%

肾脏含水量 83%

脾脏含水量 76%

皮肤含水量 72%

肠含水量 75%

肌肉含水量 76%

骨骼含水量 22%

图 6-1　人体中水分含量示意图

6.1.2 人体中水循环

健康人体体内的水循环应是良好和畅通的。人体内水的循环过程是经过口、胃、肠、肾等最终被排泄掉。在这个过程中，水溶解了各种营养成分，并将它们输送到各个组织细胞里，有助于身体细胞的合成。

（1）水在消化道内的循环

经口腔进入消化道的水分，由胃、肠黏膜吸收进入血液，同时各类消化腺每天又分泌约8200mL的消化液进入消化道，在完成消化任务后，大部分还在回肠和结肠又被吸收入血液，只有 100 ～ 150mL 的水分随粪便被排出体外。

（2）血浆和组织液间的交流

水的这种交流在毛细血管部位进行，其动力为血浆胶体渗透压。毛细血管壁为半透膜，它将血浆与组织液分开，电解质、水、葡萄糖、氨基酸、尿素和其他小分子有机物可以自由通过，相互交换，维持动态平衡。蛋白质不能自由通过毛细血管壁，所以组织间液蛋白质浓度低于血浆蛋白质浓度，导致组织间液的胶体渗透压低于血浆胶体渗透压。这是血浆与组织间液交流的动力，由于毛细血管分布广泛，而且组成了巨大的滤过面和吸收面（约有 $6300m^2$），故能迅速而频繁地进行水的交流，结果是保证了血浆与组织间液的容量与渗透压的恒定。

（3）细胞内、外水的交流

水在细胞内、外的转移，决定于细胞外液的晶体渗透压。细胞膜也是一种半透膜，在正常情况下，只允许水、葡萄糖、氨基酸、尿素、肌酐、CO_2、O_2、Cl^- 和 HCO_3^- 等通过，而蛋白质、K^+、Na^+、Ca^{2+}、Mg^{2+} 等不易通过，所以细胞内、外液的化学成分和含量相差很大。当细胞外液晶体渗透压发生改变时，主要靠水的移动来维持平衡。在正常情况下，细胞内、外液的渗透压基本相等，当组织间液晶体渗透压增高时，水由细胞内移至细胞外在组织间液中存储起来。当组织间液晶体渗透压降低时，水由组织间液进入细胞内（图6-2）。

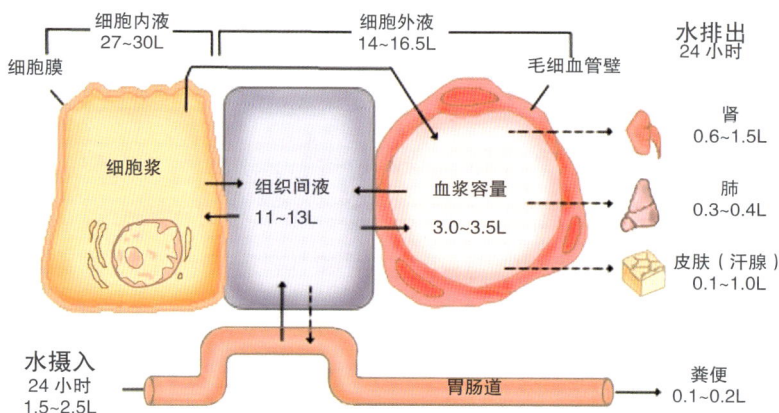

图6-2　人体中部分水分循环

6.1.3　污染水体的危害

洁净的水体有助于人体健康，但水体受化学物质污染后，通过饮用水或食物链传递便会危害居民身体健康，如甲基汞中毒（水俣病）、镉中毒（痛痛病）、砷中毒（皮肤癌）、农药中毒等。环境中的化学物质引起生物体细胞的遗传物质发生变异称为致突变作用，一些外来因素引起胚胎的结构和功能异常称为致畸作用。孕妇因摄入甲基汞而发生先天性甲基汞中毒，胎儿发育受损，出生后反应迟钝，继而出现先天性痴呆和运动功能失调。

典型的水污染事件有：

（1）水俣病事件

1953—1956 年日本熊本县水俣市，含甲基汞的工业废水污染水体，使水俣湾鱼中毒，人食用毒鱼后受害。1972 年日本环境厅公布：水俣湾和新县阿贺野川下游有汞中毒者 283人，其中 60 人死亡。从 1949 年起，位于日本熊本县水俣镇的日本氮肥公司开始制造氯乙烯和醋酸乙烯。由于制造过程要使用含汞的催化剂，大量的汞便随着工厂未经处理的废水被排放到了水俣湾。1954 年，水俣湾开始出现一种病因不明的怪病，叫"水俣病"，患病的是猫和人，症状是步态不稳、抽搐、手足变形、精神失常、身体弯弓高叫，直至死亡。经过近十年的分析，科学家才确认：工厂排放的废水中的汞是"水俣病"的起因。汞被水生生物食用后在体内被转化成甲基汞，这种物质通过鱼虾进入人体和动物体内后，会侵害脑部和身体的其他部位，造成脑萎缩、小脑平衡系统被破坏等多种危害，毒性极大。在日本，食用了水俣湾中被甲基汞污染的鱼虾人数达数十万。

（2）痛痛病事件

1955—1972 年日本富山县神通川流域，锌、铅冶炼厂等排放的含镉废水污染了神通川水体，两岸居民利用河水灌溉农田，使稻米和饮用水含镉而中毒，1963年至1979年3月共有患者130人，其中死亡81人。19世纪80年代，日本富山县平原神通川上游的神冈矿山成为从事铅、锌矿的开采、精炼及硫酸生产的大型矿山企业。然而在采矿过程及堆积的矿渣中产生的含有镉等重金属的废水却直接长期流入周围的环境中，在当地的水田土壤、河流底泥中产生了镉等重金属的蓄积。镉通过稻米进入人体，首先引起肾脏障碍，逐渐导致软骨症，在妇女妊娠、哺乳、内分泌不协调、营养性钙不足等诱发原因存在的情况下，使妇女得上一种浑身剧烈疼痛的病，叫痛痛病，也叫骨痛病，重者全身多处骨折，在痛苦中死亡。1931—1968年，神通川平原地区被确诊患此病有258人，其中死亡128人，至1977年12月又死亡79人。

大部分癌症是由于环境中有毒的化学物质造成的，主要包括重金属和难分解的有机物，如汞、镉、铅、铬、砷、硒、钒、铍等以及有机氯化物、芳香胺类的有机化合物，这些毒素广泛存在于地表水和地下水中。这些有毒化学物质又是从何而来的呢？很显然，地表水和地下水中的有毒物质主要来源于工业废水、化肥和农药。某些有致癌作用的化学物质，如砷、铬、镍、苯胺以及多环芳烃污染水体后，可以在悬浮物、底泥和水生生物体内蓄积。长期饮用含有这类物质的水，或食用体内蓄积这类物质的生物，就可能诱发癌症。

6.2　我们用过的污水去哪了?

6.2.1　生活污水的各项指标

人们在日常生活中使用过的,并被生活废料所污染的水,是生活污水。我们生活中的污水主要来源于厨房、沐浴、洗涤和厕所冲洗等,主要特点是浓度低、面广、分散、处理率低。生活污水的水质特征主要与人们的生活习惯、气候条件等有关。生活污水的各项指标包括物理指标、化学指标和微生物指标。

6.2.1.1　生活污水的物理指标

（1）水温

水温直接影响生活污水的物理性质、化学性质及生物性质。我国的幅员辽阔,但根据统计资料表明,各地的生活污水的年平均温度差别不大,均为 10 ～ 20℃。

（2）色度

生活污水的颜色常呈灰色,但当污水中的溶解氧降低至零,污水所含有机物腐烂,水色则转呈黑褐色并有臭味。色度可由悬浮固体、胶体或溶解物质形成。悬浮固体形成的色度称为真色。胶体或溶解物质形成的色度称为表色。水的颜色用色度作为指标。

（3）臭味

生活污水的臭味主要由有机物腐败产生的气体造成。臭味大致有鱼腥臭、氨臭、腐肉臭、腐蛋臭、腐甘蓝臭和粪臭。臭味给人以感官不悦，甚至危及人体健康，导致呼吸困难、倒胃、胸闷、呕吐等。

6.2.1.2　生活污水的化学指标

（1）无机物

● 酸碱度：用 pH 值表示。当 pH 值为 7 时，污水呈中性；当 pH 值小于 7 时，数值越小，酸性越强；当 pH 值大于 7 时，数值越大，碱性越强。pH 值低于 6 的酸性污水，对管渠、污水处理构筑物及设备产生腐蚀作用。

● 氮、磷：氮、磷是植物生长的重要营养物质，也是污水进行生物处理时微生物所必需的营养物质，主要来源于人类排泄物。氮、磷是导致湖泊、水库、海湾等缓流水体富营养化的主要原因。生活污水中凯氏氮含量约为 40mg/L（其中有机氮约为 15mg/L，氨氮约 25mg/L）。生活污水中总磷含量约为 10mg/L，其中有机磷含量约为 3mg/L，无机磷含量约为 7mg/L。

● 硫酸盐与硫化物：生活污水中的硫酸盐主要来源于人类排泄物。

● 氯化物：生活污水中的氯化物主要来自人类排泄物，每人每日排出的氯化物有 5 ～ 9g。

（2）有机物

● 蛋白质和尿素：蛋白质由多种氨基酸化合或结合而成，分子量可达 2 万～ 2000 万，主要成分是碳、氢、氧、氮，其中氮约占 16%，蛋白质很不稳定，可发生不同形式的分解，属于可生物降解有机物，对微生物无毒害与抑制作用。蛋白质和尿素是生活污水中氮的主要来源。

● 脂肪和油类：生活污水中的脂肪与油类来源于人类排泄物及餐饮业的洗涤水，包括动物油和植物油。水体受油脂类物质污染后，会呈现出五颜六色，感官性状极差。油脂浓度高时，水面上结成油膜，膜厚达到 4～10cm 时，能隔绝水面与大气接触，水体复氧停止，影响水生生物的生长与繁殖。油脂还会堵塞鱼鳃，导致鱼类窒息死亡。

6.2.1.3 生活污水的生物指标

污水生物性质检测指标有大肠菌群数、大肠菌群指数、病毒及细菌总数。污水中微生物以细菌和病菌为主，主要有肠道病原菌（痢疾、伤寒、霍乱菌等），寄生虫卵（蛔虫、蛲虫、钩虫卵等），炭疽杆菌与病毒（脊髓灰质炎、肝炎、狂犬病、腮腺炎、麻疹等）。例如，粪便中含有 104～105 个 1g 传染性肝炎病毒。这些病毒可在水中存活较长时间，具有传染性。

6.2.2 生活污水指标超标的后果

（1）水温升高

饱和溶解氧降低，水体中的亏氧量也随之减少，大气中的氧气向水体传递的速率减慢。

水生生物的耗氧速率加快，加速水体中溶解氧的消耗，造成鱼类和水生生物窒息死亡，使水质迅速恶化。

水体中的化学反应速率加快，水温每升高 $10℃$，化学反应速率会加快1倍，可引发水体物理性质和化学性质，如电导率、溶解度、离子浓度和腐蚀性的变化，臭味加剧；水体中的细菌繁殖加速。加速藻类的繁殖。

（2）氮、磷、营养盐超标

水体中氮、磷等营养性物质浓度升高后，可大大加速富营养化进程。富营养化是湖泊分类和演化的一种概念，是湖泊水体老化的自然现象。湖泊由贫营养湖演变成富营养湖，进而发展成沼泽地和旱地，在自然条件下，这一历程需几万年至几十万年，但这种演化在人为干预下进程大大缩短。这种演变同样可发生在近海、水库甚至水流速度较缓的江河。

（3）重金属污染

水体受到重金属污染后，产生的毒性有如下特点：①水体中重金属离子浓度为 $0.01 \sim 10mg/L$，即可产生毒性效应；②重金属不能被微生物降解，反而可在微生物的作用下，转化为有机化合物，使毒性猛增；③水生生物从水体中摄取重金属并在体内大量积累，经过食物链进入人体，甚至通过遗传或母乳传给婴儿；④重金属进入人体后，能与体内的蛋白质及酶发生化学反应而使其失去活性，并可能在体内某些器官中积累，造成慢性中毒，这种危害有时需要 $10 \sim 30$ 年才能显露出来。

（4）病原微生物污染

污水会带给水体大量有机物，造成适宜细菌存活的环境，同时带入大量的病原菌、寄生虫卵和病毒等。病原菌污染的特点是数量多、分布广、存活时间长、繁殖速度快、随水流传播疾病。虽然传染病已得到有效控制，但对人类的潜在威胁仍然存在，必须高度重视病原菌的污染，特别是在传染病流行的时期。

6.2.3　污水收集管道

生活污水属于污染的废水，含有较多的有机物，如蛋白质、动植物脂肪、碳水化合物、尿素和氨氮等，还含有肥皂和合成洗涤剂等，以及常在粪便中出现的病原微生物，如寄生虫卵和肠系传染病菌等。这类污水需要经过处理后才能排入水体、灌溉农田或者再利用。由于现在环境的污染越来越严重，对污染物的处理也就越来越重要，作为对城市污水处理的主要设施系统——收集管网的建设越来越重要。污水收集管网的建设，一定要通过科学合理的方法来进行，使其达到理想的效果。在建设完成之后，还需要注意其日常的维修，以保证其正常的运行。

（1）室内排水

在住宅及公共建筑内，各种卫生设备既是人们用水的容器，也是承受污水的容器，它们还是生活污水排水系统的起端设备。生活污水从这里经水封管、支管、竖管和出户管等室内管道系统流入室外居住小区管道系统（图6-3）。在每一出户管与室外居住小区管道相接的连接点设检查井，供检查和清通管道之用。

图6-3 建筑室内采用的排水管

（2）室外污水管道系统

分布在地面下的依靠重力流输送污水至泵站、污水处理厂或水体的管道系统称为室外污水管道系统。它又分为小区污水管道系统和街道污水管道系统。

● 小区污水管道系统。铺设在居住小区内，连接建筑物出户管的污水管道系统。小区污水管道系统分为接户管、小区支管和小区干管。接户管是指布置在建筑物周围接纳建筑物各污水出户管的污水管道。小区支管是指布置在居住组团内与接户管连接的污水管道，一般布置在组团内道路下。小区干管是指在居住小区内，接纳各居住团内小区支管流来的污水的管道，一般布置在组团内道路下。居住小区污水排入城市排水系统时，其水质必须符合《污水排入城镇下水道水质标准》（CJ 343—2010），居住小区污水排出口的数量和位置，要取得城市市政部门同意。

● 街道污水管道系统。铺设在街道下，用以排除居住小区管道流来的污水。在一个市区内它由城市支管、干管、主干管等组成。支管承受居住小区干管流来的污水或集中流量排出的污水。在排水区界内，常按分水线划分成几个排水流域。在各排水流域内，干管汇集输送由支管流来的污水，也常称为流域干管。主干管是汇集输送由两个或两个以上干管流来的污水的管道。市郊干管是从主干管把污水输送至总泵站、污水处理厂或通至水体出水口的管道，一般在污水管道系统设置区范围之外。

（3）管道系统上的附属构筑物

主要有检查井、跌水井、倒虹管等。污水管道在管径、坡度、高程和方向上发生变化及支管连接的地方都需要设置检查井。在排水管道落差较大时，按正常管道坡度无法满足设计要求时，采取做一个内部管道有落差的检查井来满足设计方案，井内水流产生跌落称为跌水井。排水管道有时会遇到障碍物，如穿过河道、铁路等时，管道不能按原有坡度埋设，而是以下凹的折线方式从障碍物下通过，这种管道称为倒虹管。

（4）污水泵站及压力管道

污水一般以重力流排除，但往往受到地形等条件的限制，这时就需要设置泵站。泵站分为局部泵站、中途泵站和总泵站等。压送从泵站出来的污水至高地自流管道或至污水处理厂的承压管段，称为压力管道。

6.2.4　污水收集管道的构造要求

● 排水管道的断面形式需要满足静力学、水力学以及经济要求和便于养护。在静力学方面，管道必须有较大的稳定性，在承受各种荷载时是稳定和坚固的。在养护方面，管道断面应便于冲洗和清通淤积。

● 排水管必须有足够的强度。能承受外部的荷载和内部的水压，外部荷载包括土壤的重量，以及由于车辆运行所造成的荷载。压力管及倒虹管一般要考虑内部水压。

● 排水管渠应能够抵抗污水中杂质的冲刷和磨损，也应该具有抗腐蚀的性能，避免在污水或地下水的侵蚀作用（酸、碱或其他）下被损坏。

● 排水管渠必须不透水，以防止污水渗出或地下水渗入。因为污水从管渠渗出至土壤，将污染地下水或邻近水体，或者破坏管道及附近房屋的基础。地下水渗入管渠，不但会降低管渠的排水能力，而且增大污水泵站及处理构筑物的负荷。

● 排水管渠的内壁应整齐光滑，使水流阻力尽量减小。排水管渠应就地取材，并考虑到预制管件及快速施工的可能，以便尽量降低管渠的造价及运输和施工的费用。

6.3 生活污水的处理

生活污水的污染物总量或浓度较高，达不到排放标准要求或不符合环境容量要求，从而降低水环境质量和功能目标时，必须经过人工强化处理，处理后才能排入水体或城市管道。污染物处理工艺流程是有各种常用的或特殊的水处理方法优化组合而成的，包括各种物理法、化学法和生物法，要求技术先进、经济合理、费用最省。污水处理厂设计包括各种不同处理功能的构筑物、附属建筑物、管道的平面和高程设计，并进行道路、绿化、管道综合、厂区给排水、污泥处置及处理系统管理自动化等设计，以保证污水处理厂达到处理效果稳定。城市污水处理厂一般设置在城市河流的下游地段，并与居民点或公共建筑保持一定的卫生防护距离。若采用区域排水系统，每个城镇就不需要单独设置污水处理厂，将全部污水送至区域污水处理厂进行统一处理（图6-4）。

图6-4 污水处理厂

6.3.1 污水处理的基本方法

污水处理的基本方法是：采用各种技术与手段，将污水中所含的污染物质分离去除，回收利用，或将其转化为无害物质，使水得到净化。

（1）按原理分类

污水处理的基本方法可分为物理处理法、化学处理法和生物化学处理法三类。

● 物理处理法。利用物理作用分离污水中呈悬浮状态的固体污染物质。方法有：筛滤法、沉淀法、上浮法、气浮法、过滤法和反渗透法等。

● 化学处理法。利用化学反应的作用，分离回收污水中各种形态的污染物质（包括悬浮的、溶解的、胶体的等）。主要方法有中和、混凝、电解、氧化还原、气提、萃取、吸附、离子交换和电渗析等。

● 生物化学处理法。利用微生物的代谢作用，使污水中呈溶解、胶体状态的有机污染物转化为稳定的无害物质。生物化学处理方法可分为两大类：利用好氧微生物作用的好氧法（好氧氧化法）和利用厌氧微生物作用的厌氧法（厌氧还原法）。前者广泛用于处理城市污水，其中包括活性污泥法和生物膜法两种，后者多用于处理高浓度有机污水与污水处理过程中产生的污泥，现在也开始用于处理城市污水和低浓度的有机污水。

（2）按照处理程度分类

污水处理的基本方法可分为一级、二级和三级。

● 一级处理。主要去除污水中呈悬浮状态的固体污染物质，物理处理法大部分只能完成一级处理要求。经过一级处理后的污水，BOD_5 一般可去除 30% 左右，达不到排放标准。一级处理属于二级处理的预处理。

● 二级处理。主要去除污水中呈胶体和溶解状态的有机污染物（即 BOD_5、COD），去除率可达 90% 以上，有机污染物浓度达到排放标准。

● 三级处理。是在一级、二级处理后，进一步处理难降解的有机物、磷和氮等能够导致水体富营养化的可溶性无机物等。主要方法有生物脱氮除磷法、混凝沉淀法、砂滤法、活性炭吸附法、离子交换法和电渗析法等。

6.3.2 生活污水的物理处理

由生活污水处理的基本流程（图6-5）了解到，污水的物理处理设施主要包括以下部分：

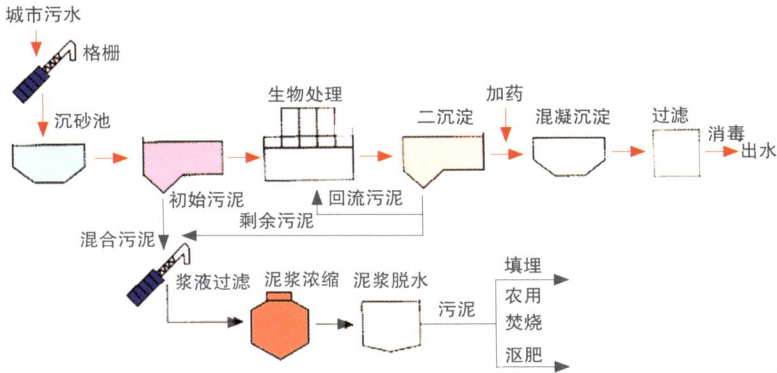

图 6-5　污水处理的基本流程

（1）格栅

由一组平行的金属栅条或筛网制成，安装在污水渠道、泵房集水井的进口处或污水处理厂的前端，用以截留较大的悬浮物或漂浮物，如纤维、碎皮、毛发、木屑、果皮、蔬菜、塑料制品等，以便减轻后续处理设施的处理负荷，并使之正常运行，被截留的物质称为栅渣（图6-6）。按格栅栅条的净间隙，可分为粗格栅（50～100mm）、中格栅（10～40mm）、细格栅（3～10mm）3种。由于格栅是物理处理的重要构筑物，故新设计的污水处理厂一般采用粗、中两道格栅，甚至采用粗、中、细3道格栅。

图 6--6　格栅

（2）破碎机

破碎机的作用是把污水中较大的悬浮固体破碎成较小的、均匀的碎块，仍留在污水中，随水流至后续污水处理构筑物中进行处理。破碎机可安装在格栅后、污水泵前，作为格栅的补充，防止污水泵被阻塞，并提高与改善后续处理构筑物的处理效能，也可安装在沉砂池之后，使破碎机的磨损减轻。

（3）沉砂池

污水在迁移、流动和汇集过程中不可避免地会混入砂粒（图6-7）。如果不预先沉降分离去除污水中的砂粒，则会影响后续处理设备的运行，如磨损机泵、堵塞管网，干扰甚至破坏生化处理工艺过程。沉砂池主要去除污水中粒径大于0.2mm、密度大于 $2.65t/m^3$ 的砂粒，以保护管道、阀门等设施免受磨损和阻塞。它的工作原理是以重力分离为基础，所以应控制沉砂池的进水流速，使得比重大的无机颗粒下沉，而有机悬浮颗粒能够被水流带走。

图 6-7　沉砂池

（4）沉淀池

沉淀池由进、出水口，水流部分和污泥斗 3 个部分组成。按工艺布置的不同，可分为初次沉淀池和二次沉淀池。初次沉淀池是一级污水处理厂的主体处理构筑物，或作为二级污水处理厂的预处理构筑物设在生物处理构筑物的前面。处理对象是悬浮物质（40% ～ 55%），同时可去除部分 BOD_5（占总 BOD_5 的 20% ～ 30%，主要是悬浮性 BOD_5），可改善生物处理构筑物的运行条件并降低其 BOD_5 负荷。二次沉淀池设在生物处理构筑物（活性污泥法或生物膜法）的后面，用于沉淀去除活性污泥或腐殖污泥（指生物膜法脱落的生物膜），它是生物处理系统的重要组成部分。

饮用水的真相

6.3.3 生活污水的生物处理

活性污泥法，是以活性污泥为主体的污水生物处理技术。向生活污水注入空气进行曝气，每天保留沉淀物，更换新鲜污水。在持续一段时间后，在污水中即将形成一种黄褐色的絮凝体。这种絮凝体主要是由大量繁殖的以菌胶团为主的微生物群体所构成，它易于沉淀与水分离，并使污水得到净化、澄清。这种絮凝体就是称为"活性污泥"的生物污泥。利用活性污泥的生物凝聚、吸附和氧化作用，以分解去除污水中的有机污染物，然后使污泥与水分离，大部分污泥再回流到曝气池，多余部分则排出活性污泥系统。活性污泥是活性污泥处理系统中的主体作用物质。在活性污泥上栖息着具有强大生命力的微生物群体。在微生物群体新陈代谢的功能作用下，使活性污泥具有将有机污染物转化为稳定的无机物的活力。

（1）活性污泥法的流程

活性污泥法是由曝气池、沉淀池、污泥回流系统和剩余污泥排除系统组成。污水和回流的活性污泥一起进入曝气池形成混合液。以空气压缩机站送来的压缩空气，通过铺设在曝气池底部的空气扩散装置，以细小气泡的形式进入污水中，目的是增加污水中的溶解氧含量，还使混合液处于剧烈搅动，呈悬浮状态。溶解氧、活性污泥与污水互相混合、充分接触，使活性污泥反应得以正常进行。第一阶段，污水中的有机污染物被活性污泥颗粒吸附在菌胶团的表面上，这是由于其具有巨大的比表面积和多糖类黏性物质。同时一些大分子有机物在细菌胞外酶作用下分解为小分子有机物。第二阶段，微生物在氧气充足的条件下，吸收这些有机物，并氧化分解，形成二氧化碳和水，一部分供给自身的增殖繁衍。活性污泥反应进行的结果是污水中有机污染物得到降解而被去除，活性污泥本身得以繁衍增长，污水则得以净化处理。

经过活性污泥净化作用后的混合液进入二次沉淀池，混合液中悬浮的活性污泥和其他固体物质在这里沉淀下来与水分离，澄清后的污水作为处理水排出系统。经过沉淀浓缩的污泥从沉淀池底部排出，其中大部分作为接种污泥回流至曝气池，以保证曝气池内的悬浮固体浓度和微生物浓度；增殖的微生物从系统中排出，称为"剩余污泥"。事实上，污染物很大程度上从污水中转移到了这些剩余污泥中。活性污泥法的原理形象说法是：微生物"吃掉"了污水中的有机物，这样污水变成了干净的水。它本质上与自然界水体自净过程相似，只是经过人工强化，污水净化的效果更好。

（2）活性污泥的成分

活性污泥包括有机成分和无机成分。有机成分主要是由栖息在活性污泥上的微生物群体所组成的。此外，活性污泥上还夹杂着由入流污水挟入的有机固体物质，其中包括某些惰性的难被微生物摄取、利用的"难降解有机物质"。微生物菌体经过内源代谢、自身氧化产生的残留物，如细胞膜、细胞壁等，也属于难降解有机物的范畴。无机成分则全部是由原污水挟入的，至于微生物体内存在的无机盐类，由于数量极少，可忽略不计。

6.3.4　生活污水的化学处理

污水的消毒处理。城市污水经二级处理后，水质已经改善，细菌含量也大幅度减少，但细菌的绝对值仍很可观，并存在有病原菌的可能。因此在排放水体前或在农田灌溉时，应进行消毒处理。污水消毒应连续运行，特别是在城市水源地上游，旅游区，夏季或流行病流行季节，应严格连续消毒。非上述地区或季节，在经过卫生防疫部门的同意后，也可考虑采用间歇消毒或酌减消毒剂的投加量。

目前，用于污水消毒的消毒剂有液氯、臭氧、次氯酸钠、紫外线等。

● 液氯消毒。液氯水解产生的次氯酸，是极强的消毒剂，可以杀灭细菌与病原体。消毒的效果与水温、pH值、接触时间、混合程度、污水浊度及所含干扰物质、有效氯浓度有关。

● 臭氧消毒。臭氧由3个氧原子组成，在常温常压下为无色气体，有特殊味道。臭氧是一种强氧化剂，灭菌过程属生物化学氧化反应。臭氧灭菌有以下3种形式：①臭氧能氧化分解细菌内部葡萄糖所需的酶，使细菌灭活死亡；②直接与细菌、病毒作用，破坏它们的细胞器和DNA、RNA，使细菌的新陈代谢受到破坏，导致细菌死亡；③透过细胞膜组织侵入细胞内，作用于外膜的脂蛋白和内部的脂多糖，使细菌发生通透性畸变而溶解死亡。

● 紫外线消毒。水银灯发出的紫外光，能穿透细胞壁并与细胞质反应而达到消毒的目的。紫外光波长为2500～3600A的杀菌能力最强。紫外光需要照到透水层才能起消毒作用，污水中的悬浮物、浊度、有机物和氨氮都会干扰紫外光的传播，因此，处理后的水体光传播系数越高，紫外线消毒的效果也越好。

6.4 节约用水的小妙招

水同空气、阳光一样，在我们的生命中是无法替代的。虽然地球 70% 以上的面积被水覆盖，但我们能够取得并利用的水资源不到总水量的 0.26%。中国的人均水资源量只有 2400m^3，是世界平均值的 1/4，被列为 13 个人均水资源量最为贫乏的国家之一。如果不采取措施，将会面临严重的淡水危机。

6.4.1 国家节水标志

2001 年 3 月 22 日 "国家节水标志" 确定（图 6-8）。"国家节水标志" 由水滴、手掌和地球变形组成。绿色的圆形代表地球，象征节约用水是保护地球生态的重要措施。标志留白部分像一只手托起一滴水，手是拼音字母 JS 的变形，寓意节水，表示节水需要公众参与，鼓励公众参与节约用水行动，人人动手节约每一滴水，手又像蜿蜒的河流，象征滴水汇成江河。水和手的结合像心字的中心部分（去掉两个点），且水滴正处在

图 6-8　国家节水标志

"心"的中间一点处,说明了节约用水需要每一个人牢记在心,用心去呵护,节约每一滴珍贵的水资源。

6.4.2 生活中节约用水小妙招

(1)厨房用水

● 清洗炊具、餐具时,如果油污过重,可以先用纸擦去油污,然后进行冲洗。

● 用洗米水、煮面汤、过夜茶清洗碗筷,可以去油,节省用水量和避免洗洁精的污染。

● 洗污垢或油垢多的地方,可以先用用过的茶叶包(冲过并烤干)沾点熟油涂抹脏处,然后再用带洗涤剂的抹布擦拭,轻松去污。

● 清洗蔬菜时,不要在水龙头下直接进行清洗,尽量放入盛水的容器中,并调整清洗顺序,如可以先对有皮的蔬菜进行去皮、去泥,然后再进行清洗,先清洗叶类、果类蔬菜,然后清洗根茎类蔬菜。

● 不用水来解冻食品。

● 用煮蛋器取代用一大锅水来煮蛋。

(2)个人清洁用水

● 洗手、洗脸、刷牙时,不要将水龙头始终打开,应该间断性放水。

● 减少盆浴次数,每次盆浴时,控制放水量,约1/3浴盆的水即可。

● 收集为预热所放出的清水,用于清洁衣物。

● 沐浴时,站立在一个收集容器中,收集使用过的水,用于冲洗马桶或擦地。不要长时间开启喷头，应先打湿身体和头发，然后关闭喷头，并使用浴液和洗发水，最后一次性清洗。

- 使用能够分档调节出水量大小的节水龙头。

（3）洗衣用水

- 集中清洗衣服，减少洗衣次数。

- 减少洗衣机使用量，尽量不使用全自动模式，并手洗小物件。

- 漂洗小件衣物时，将水龙头拧小，用流动水冲洗，并在下面放空盆收集用过的水，而不要接几盆水，多次漂洗。

- 漂洗后的水，可以作为下次洗衣的洗涤用水，或用来擦地。

- 洗衣时，添加洗衣粉量应适当，并且选择无磷洗衣粉，减少污染。

（4）卫生间用水

- 如果条件许可，请选用新型的节水马桶。

- 如果使用非节水型老式马桶，可以将一个盛满水的饮料瓶放到马桶的水箱中，以减少冲水量。

- 不要向马桶内倾倒杂物，避免因冲洗杂物而造成的水资源浪费。

- 收集洗衣、洗菜、洗澡后的水冲洗马桶。